AF154817

Leopold Weiss

Beiträge zur Anatomie der Orbita

Leopold Weiss

Beiträge zur Anatomie der Orbita

ISBN/EAN: 9783743452978

Hergestellt in Europa, USA, Kanada, Australien, Japan

Cover: Foto ©berggeist007 / pixelio.de

Manufactured and distributed by brebook publishing software (www.brebook.com)

Leopold Weiss

Beiträge zur Anatomie der Orbita

BEITRÄGE

ZUR

ANATOMIE DER ORBITA

VON

Dr. LEOPOLD WEISS,

Augenarzt und Docent der Augenheilkunde an der Universität Heidelberg.

I.

ÜBER LÄNGE UND KRÜMMUNG DES SEHNERVEN UND DEREN
BEZIEHUNG ZU DEN VERÄNDERUNGEN AN DER PAPILLE.
(MAKROSKOPISCHER BEFUND.)

TÜBINGEN, 1888.
VERLAG DER H. LAUPP'SCHEN BUCHHANDLUNG.

MEINEN VEREHRTEN LEHRERN, DEN HERRN

E. VON BRÜCKE,

Hofrat und Professor der Physiologie in Wien

UND

C ECKHARD,

Professor der Anatomie und Physiologie in Giessen

IN

DANKBARER HOCHACHTUNG

GEWIDMET.

INHALT.

I.

Vorwort.

Indem ich dieses erste Heft, in welchem speziell die Anatomie des Orbitalteils des Sehnerven abgehandelt wird, der Oeffentlichkeit übergebe, bin ich mir dabei dessen wohl bewusst, dass das darin Mitgeteilte nur einen ersten Anfang zur Lösung der grossen wichtigen Aufgabe bildet: durch anatomische Untersuchungen diejenigen Verhältnisse festzustellen, unter deren Einfluss sich bei anstrengender Naharbeit in vielen jugendlichen Augen die Kurzsichtigkeit, die sog. Arbeitsmyopie, entwickelt, d. i. mit anderen Worten: eine anatomische Grundlage für das zu gewinnen, was man als disponierendes Moment zur Kurzsichtigkeit bezeichnet.

Wenn es mir gelungen sein sollte, durch richtige Beurteilung bestimmter anatomischer Verhältnisse zur Förderung der Frage einen Beitrag geliefert zu haben, der geeignet ist, den Einblick in die in vielfacher Beziehung noch unbekannten Vorgänge der Entwicklung der Myopie um etwas zu erweitern, — bezw. wenn die Mitteilung meiner Untersuchungen auch Andere veranlassen [1]) sollte, in der angebahnten Richtung weiterzuarbeiten, so werde ich hierin die schönste Befriedigung für die mühsame und zeitraubende Arbeit finden, die mir nur unter sehr ungünstigen äusseren Verhältnissen durchzuführen möglich war. Indem ich mich der sicheren Erwartung hingebe, dass sich bei Weiterverfolgung dieser Untersuchungen noch mancher für die Myopiefrage wichtige Gesichtspunkt ergeben wird, will ich nur hoffen, dass Andere, die in gleicher Richtung mit- und weiterarbeiten, dieselbe Objek-

---

[1]) Ist mittlerweile durch Stilling's Untersuchungen auf eine vorläufige Mitteilung hin geschehen, die ich vor längerer Zeit veröffentlichte.

tivität dem Gegenstand entgegenbringen, deren ich mich stets befleissigt habe. Nur dadurch kann die Sache gefördert werden. Mit schematischen Zeichnungen, theoretischen Auseinandersetzungen und Aufstellung neuer Hypothesen ist wenig gedient; das, worauf es in erster Linie ankommt, das ist: ein gut, d. i. ein genau und vorurteilsfrei beobachtetes grösseres anatomisches Untersuchungsmaterial zusammenzustellen.

Die leitenden Gesichtspunkte, die ich bei meinen Untersuchungen verfolgte, lassen sich, ganz allgemein gefasst, kurz etwa dahin zusammenfassen:

Mechanische Verhältnisse, Zerrung an dem Augapfel und Druck auf denselben sind es, die — wenn sie häufig auf das Auge während dessen Wachstum einwirken — einen erheblichen Einfluss auf die Form desselben nehmen, indem sie, sei es direkt sei es indirekt, zu einer Spannungserhöhung führen, unter deren Einfluss die am wenigsten widerstandsfähigen Teile der Bulbuswandung eine stärkere Ausbuchtung erleiden, die anfangs vielleicht nur vorübergehend ist, mit der Zeit aber stabil wird. Die geringere Resistenz könnte dabei von Haus aus bestehen, sie könnte aber auch erst durch irgendwelche Verhältnisse erworben sein. Druck und Zerrung auf der einen Seite und geringere Widerstandsfähigkeit bestimmter Teile des Bulbus auf der anderen Seite, das wäre demnach dasjenige, was zur mehr oder weniger hochgradigen bezw. zur mehr oder weniger ausgedehnten Ektasierung führt. Das Wachstum des jugendlichen Auges würde sonach unter dem Einfluss bestimmter mechanischer Verhältnisse modifiziert. Mit der einmal begonnenen Ektasierung und den dabei sich vollziehenden Gewebsveränderungen dürften dann auch weitere neue Faktoren geschaffen werden, die ihrerseits eine stärkere Ektasierung begünstigen. Ist das Wachstum des Auges beendet, so üben diese Faktoren für gewöhnlich keinen Einfluss weiter aus.

Aufgabe ausgedehnter anatomischer Untersuchungen wird es sein, alle hierbei in Betracht kommende anatomische Verhältnisse festzustellen. Insbesondere bleibt festzustellen, ob da, wo Ektasie vorliegt, die zur Myopie geführt hat, konstante anato-

mische Eigentümlichkeiten bestehen, welche im Sinn des eben
Gesagten als auf die Form des Augapfels Einfluss nehmend an-
zusehen sind.

Von den vielen Punkten, die bei der Myopiefrage noch der
Erforschung bedürfen, habe ich einen einzelnen herausgegriffen
und zum Gegenstand meiner Untersuchungen gemacht, indem ich
bei bestimmter und begrenzter Fragestellung durch anatomische
Befunde festzustellen suchte:

Besteht ein Zusammenhang (bezw. welcher) zwischen den
Veränderungen, welche man an der Eintrittsstelle des Sehnerven
beim myopischen, resp. myopisch werdenden Auge sieht, einerseits und der bei der Naharbeit (d. i. bei der hier hauptsächlich in Betracht kommenden Augenstellung nach unten innen)
eventuell stattfindenden Optikusdehnung andererseits?

Zu diesen Untersuchungen wurde ich nicht etwa durch eine
vorgefasste, auf theoretische Betrachtungen basierte Meinung geführt, sondern durch ganz bestimmte anatomische Befunde ver-
anlasst, die ich bei der Untersuchung von Augen mit beginnender Kurzsichtigkeit fand, und deren nächstliegende Erklärung —
wovon weiter unten die Rede sein wird — auf eine Optikuszerrung hinwies.

Meist war es mir bei meinen Untersuchungen möglich, den
Bulbus, wenigstens dessen hinteren Abschnitt, herauszunehmen
und nicht nur makroskopisch, sondern auch mikroskopisch zu
untersuchen. Der Befund der mikroskopischen Untersuchung
wird sich dem zunächst in diesem ersten Heft mitzuteilenden
makroskopischen Befund anschliessen.

Dass bei meinen Untersuchungen gleichzeitig auch den anderen anatomischen Verhältnissen die gebührende Beachtung geschenkt wurde, wie insbesondere dem Verlauf der Muskeln, deren
Insertion und dem Verhalten der Muskelsehnen zu den Fascien,
dem Verhalten der Orbita und des Schädels, sowie der Lage,
Form und Beschaffenheit des Augapfels selbst etc. etc. — braucht
als selbstverständlich nicht besonders erwähnt zu werden. Späterhin hoffe ich Gelegenheit zu haben, auf den einen oder den anderen dieser Punkte näher eingehen zu können.

Wie aus den unten folgenden Zusammenstellungen ersichtlich, ist ein Teil der mitzuteilenden Beobachtungen schon vor Jahr und Tag gesammelt. Ungünstige äussere Verhältnisse, insbesondere die Schwierigkeit, ein grösseres anatomisches Untersuchungsmaterial zu beschaffen, waren es, die die Veröffentlichung verzögert haben.

Heidelberg, den 20. Mai 1887.
Mannheim

II.

Ueber die Aufgabe, eine anatomische Grundlage für das zu gewinnen, was man als Disposition zur Kurzsichtigkeit bezeichnet, und über die Beziehung, in welcher die an der Eintrittsstelle des Sehnerven sichtbaren Veränderungen zu dieser Frage stehen.

Wie die wichtigen neueren Untersuchungen, die man von verschiedenen Seiten vorgenommen hat, ergeben haben [1]), ist die Refraktion der Augen der Neugeborenen in weitaus der Mehrzahl der Fälle mehr oder weniger stark hypermetropisch. Dabei findet man bei denselben die Papille meist nahezu kreisrund [2]) mit central austretenden Gefässen, mit regelmässigem, gleichmässigen Skleralring, mit einem Wort eben das Bild der Papilla nervi optici, das man als das normale beschreibt. Mit dem Wachstum des übrigen Körpers wächst dann auch das Auge, seine Durchmesser werden grösser, die Krümmung der Hornhaut und der Linse ändern sich, ebenso wie deren Abstand von einander, sowie der Gesamtbrechungsindex der Linse. So entstehen während des Wachstums des Auges unzählig viel Kombinationen zwischen mehr oder weniger grossem Sagittaldurchmesser einerseits und mehr oder weniger stark brechendem System andererseits. Im Grossen und Ganzen scheint der normale Wachstumstypus des Auges derart zu sein, dass die anfangs meist hochgradige Hypermetropie mehr und mehr sich der Emmetropie nähert. Die normalen, von äusseren Einflüssen unabhängigen Wachstumsverhältnisse lassen sich aber bei dem Auge des Kulturmenschen insofern nicht — oder doch wenigstens

---

1) Ely, Arch. f. Augenheilk. Bd. IX. 1880. — Königstein, Medic. Jahrbuch Wien 1881. — Schleich, Nagel's Mitteilungen 1882. Bd. I. 3. — Horstmann, Arch. f. Augenheilk. Bd. XIV. 1884. — G. Ullrich. — Jannik Bjerrum u. A.
2) Schleich l. c.

nur sehr unvollkommen ermitteln [1]), als es die Lebensverhältnisse
dieses mit sich bringen, dass er seine Augen gerade während der
Zeit des Wachstums, d. i. in der Jugend während der Schul-
und Lehrzeit, fast ausnahmslos, bald mehr bald weniger lang und
anstrengend in der Nähe beschäftigen muss, Naharbeit aber —
wie dies nach zahlreichen mühsamen statistischen Aufstellungen [2])
unzweifelhaft feststeht — deren Wachstumsverhältnisse in vielen
Fällen entschieden in dem Sinne beeinflusst, dass sie ein unproportional stärkeres Wachstum des Sagittaldurchmessers unter
Ausbuchtung des hinteren Pols bedingt, womit sich abnorm rasch
bezw. abnorm stark der Refraktionszustand des Auges erhöht.
Ob bei solchem excessiven Längenwachstum des Auges dasselbe
myopisch oder emmetropisch wird, oder ob es noch schwach
hypermetropisch bleibt, das hängt von zwei Dingen ab, einmal
selbstverständlich von der Grösse der Achsenverlängerung und
dann auch davon, einen wie hohen Grad von Minusrefraktion
(von Hypermetropie) das Auge bei der Geburt hatte, mit anderen
Worten, einen wie weiten Weg dasselbe bis zur Emmetropie bezw.
bis zur Myopie zu durchlaufen hatte; so muss ein Auge, das bei
der Geburt eine Hypermetropie von 8,0 oder 9,0 Dioptrien hatte,
— hohe Grade von Hypermetropie, wie sie nicht selten beobachtet werden, — schon eine ganz erhebliche Achsenverlängerung
erfahren, um unter deren Einfluss emmetropisch zu werden, während ein Auge, das bei der Geburt nur eine geringe Hypermetropie hatte [3]), nur einer verhältnismässig geringen Refraktionserhöhung bedarf, um die Emmetropie zu passieren und myopisch
zu werden.

Gleichzeitig mit dieser durch excessives Längenwachstum des
Auges bedingten Refraktionserhöhung sieht man an der Eintrittsstelle des Sehnerven, sowohl an deren innerer als auch an deren
äusserer Seite, sich die bekannten Veränderungen etablieren, als
da sind die Herüberziehung der Chorioidea am inneren Rande

---

1) Diesen Punkt betreffende Beobachtungen an Tieraugen, von denen diesbezüg-
lich Anschluss zu erwarten wäre, liegen nicht vor.

2) T s c h e r n i n g, Arch. f Ophth. S. 29. 1.

3) Vielleicht ist dies bei Kindern myopischer Eltern häufiger der Fall.

mit dadurch bedingtem scheinbaren Herüberrücken der Eintrittsstelle der Centralgefässe, die Verziehung der Papille nach aussen
resp. nach aussen unten, die schmale bis conusförmige Verbreiterung des Skleralrings nach aussen mit Abrückung des Pigments
mit allen Uebergängen bis zu dem bekannten Bild des grossen
Conus, an dem häufig mehrere Abschnitte zu unterscheiden sind.
Man hat alle diese Veränderungen als charakteristisch für das
myopische Auge ansehen wollen, man findet sie aber auch bei
Emmetropen und Hypermetropen gering entwickelt als einen ganz
gewöhnlichen, und hochgradig entwickelt als einen nicht allzu
seltenen Befund.

Nach dem eben Gesagten kann dies auch durchaus nicht
auffallend erscheinen, denn wenn unter dem Einfluss der Nahearbeit bei mehreren jugendlichen Augen durch Achsenverlängerung die Refraktion um die gleiche Grösse wächst (wobei sich
an der Eintrittsstelle des Sehnerven gewöhnlich dann auch gleichzeitig die eben genannten Veränderungen etablieren), und hierbei das eine Auge schwach hypermetropisch bleibt, das andere
emmetropisch, das dritte myopisch wird, so ist dies — wie gesagt — eben dadurch bedingt, dass im einen Fall die ursprüng-
liche Refraktion höher war als im anderen. Hieraus ist ersichtlich, dass zwei Augen, obwohl optisch ganz verschieden eingestellt, ganz die gleiche Refraktionserhöhung durch Achsenverlängerung erfahren haben können. Schwach hypermetropisches
und myopisches Auge sind hier ihrem Wesen nach nicht verschiedene Dinge.

Die Gleichzeitigkeit des Vorkommens von unproportionalem
Längenwachstum einerseits und den bekannten mehrerwähnten
Veränderungen an der Papille andererseits legt die Frage nahe:
welcher Zusammenhang besteht zwischen beiden? Dass ein solcher besteht, darüber kann ja kein Zweifel sein, das zeigt ja die
tagtägliche Beobachtung. Will man einen solchen Zusammenhang
ignorieren, so heisst das, den thatsächlich bestehenden Verhältnissen Zwang anthun. Die Frage ist nur die: Sind die an der
Papille sichtbaren Veränderungen bedingt durch das abnorm
starke Längenwachstum und die damit verbundene Ausbuchtung

am hinteren Pol — oder ist letztere durch die Vorgänge bedingt, welche durch die Veränderungen an der Papille hervorgerufen sind, — oder sind beiderlei Vorgänge ohne gegenseitigen Einfluss auf einander als parallel neben einander verlaufend zu betrachten, wobei möglicherweise eine gemeinschaftliche Ursache bei beiden gewirkt haben kann?

Um dieser Frage näher treten zu können, muss man erst wissen, auf welchen anatomischen Veränderungen die mehrfach erwähnten, bei der Augenspiegeluntersuchung an der Papille sichtbaren Veränderungen beruhen. Während die Handbücher das ophthalmoskopische Bild sehr ausführlich beschreiben, zum Teil aber auch wohl ganz unrichtig deuten, sind leider unsere anatomischen Kenntnisse — wie überhaupt über die Anatomie des myopischen Auges — so auch speziell in Betreff dieses Punktes noch sehr unvollkommen, — was nicht auffallen kann, wenn man bedenkt, dass sie auf einer relativ erst kleinen Zahl von genauen anatomischen Untersuchungen basieren. Dabei sind sie auch zum Teil nicht übereinstimmend, was sich daraus erklären dürfte, dass bei Beurteilung des Ergebnisses dieser Untersuchungen ein Umstand berücksichtigt werden muss, dem man von Seiten der Untersucher bis jetzt im Allgemeinen entweder überhaupt keine oder eine nicht genügende Beachtung geschenkt hat. Im Allgemeinen scheinen nämlich die meisten Untersucher, mehr oder weniger bewusst, der Meinung zugeneigt zu haben, dass in allen myopischen Augen etwas dem Wesen nach Gleichartiges zu sehen sei, dass überall die gleichen, wenn auch bald mehr bald weniger stark entwickelten, anatomischen Veränderungen zu Grunde liegen, und dass die Verschiedenheit der Befunde, wo sie vorkommt, durch den verschiedenen Grad der Myopie bezw. durch die Verschiedenheit der diese meist bedingenden mehr oder weniger hochgradigen Ektasie bedingt ist, resp. durch die wiederum mit der Ektasie in Zusammenhang stehenden sekundär pathologischen Zustände. Dem ist aber nicht so. Fortgesetzte ausgedehntere anatomische Untersuchungen werden uns sicherlich mehrere ihrem anatomischen Wesen nach verschiedene Formen von myopischen Augen kennen lehren.

Die Bezeichnung Kurzsichtigkeit bezieht sich eben auf das allen myopischen Augen gemeinschaftliche auffallendste Symptom, das ist die Einstellung des Auges für eine mehr oder weniger kurze Entfernung im Zustande der Akkommodationsruhe. Für diese Einstellung giebt es nun jeweils unendlich viel Kombinationen zwischen Achsenlänge einerseits und Brechkraft des dioptrischen Apparats andererseits. Myopie in Folge von abnorm stark brechendem dioptrischen System ist bekanntlich im Allgemeinen selten. In der Mehrzahl der Fälle ist die Myopie durch eine in Beziehung zur Brechkraft des Auges zu lange Augenachse bedingt, wobei nun aber auch wiederum zu bedenken ist, dass die abnorm lange Augenachse durch ganz verschiedene Umstände verursacht sein kann. Von solchen allgemeinen Betrachtungen ausgehend, hat man von Seiten mancher Ophthalmologen die Aufstellung von bestimmt charakterisierten Kategorien innerhalb der allgemeinen Bezeichnung Myopie angestrebt. Wenn Tscherning [1]) neuerdings, gestützt auf ein grosses Untersuchungsmaterial von Personen der verschiedensten Stände, eine Einteilung nach gewissen Kategorien versucht, so hat er damit nur einem Bestreben bestimmteren Ausdruck gegeben, das vor ihm schon Viele hatten und mit ihm Viele teilen. Ob sein Einteilungsversuch ein glücklicher war, ob seine Einteilung in dem Wesen der Sache auch ihre Begründung hat, muss vorläufig dahingestellt bleiben.

Darin, dass er bei den Ständen, welche sich viel mit anstrengender Nahearbeit beschäftigen, ganz enorm viel mehr Kurzsichtige fand, glaubt Tscherning — und das mit Recht — einen direkten Beweis dafür sehen zu dürfen, dass die Nahearbeit ein überaus wichtiger Faktor bei der Entstehung der Kurzsichtigkeit ist. Auf der anderen Seite glaubt er daraus, dass er die höchstgradigen Fälle von Kurzsichtigkeit (mit Myopie über 10 Dioptrien) bei demjenigen Teil der Stadtbevölkerung, der seine Augen angestrengt in der Nähe beschäftigt, nicht nur nicht häufiger, sondern sogar noch etwas seltener findet als bei der Landbevölkerung, die ihre Augen im Grossen und Ganzen doch viel

1) Arch. f. Ophthalmol. Bd. XXIX, 1.

weniger in der Nähe anstrengt, die Schlussfolgerung ableiten zu
dürfen, dass die Entwicklung dieser Kategorie von Kurzsichtigkeit
von der Nahearbeit ganz unabhängig sei, dass hier eigentliche
Krankheitsvorgänge es seien, die zur hochgradigen Ektasierung
geführt. — Dieser Kategorie gegenüber fasst er die gewöhnliche,
unter dem Einfluss anstrengender Beschäftigung entstehende Kurzsichtigkeit, welche meist niederen oder mittleren Grades ist, als
»Anpassungskurzsichtigkeit« auf.

Jene sehr viel selteneren, aber doch schon seit lange bekannten Fälle von höchstgradiger Kurzsichtigkeit bei Personen,
die nie besonders anstrengend ihre Augen in der Nähe beschäftigt haben, sind es, aus denen sich in der Myopiefrage schon
manche Schwierigkeit ergeben hat. Sie sind es, die man als Beweis dafür anführte, dass es die Nahearbeit nicht sein könne,
die zur Kurzsichtigkeit führt, — und um sie dürfte es sich auch
wieder handeln, wenn abweichende anatomische Befunde den Befunden anderer myopischer Augen zu widersprechen scheinen.

Gegen die Schlussfolgerungen T s c h e r n i n g's lässt sich zunächst der Einwand erheben, dass die Zahl der höchstgradig
kurzsichtigen Augen, für die dieser willkürlich 10 Dioptrien als
Grenzwert annimmt, immerhin eine relativ kleine ist, so dass das
zufällige Vorkommen von einigen Fällen mehr oder weniger auf
der einen oder anderen Seite gleich das Verhältnis erheblich ändern kann. Sollten fortgesetzte ausgedehnte Beobachtungen die
Angaben T s c h e r n i n g's in Bezug auf das Vorkommen jener
Fälle von höchstgradiger Myopie bestätigen, so wäre das ein
höchst beachtungswertes Ergebnis. Aber selbst dann wird man
sich der Anschauung T s c h e r n i n g's [1]), dass alle diese höchst-

---

1) Mit Bezug auf T s c h e r n i n g's Einteilung sagt S c h n e l l e r (Ueber Entstehung und Entwickelung der Kurzsichtigkeit. Arch. f. Ophth. XXXII, 3. S. 270):
»Die Zunahme der Myopie nach Zahl und Grad im Laufe der ersten Lebensjahre
beweist an sich, dass das Leben, die Forderungen des Lebens, die Lebensarbeit an
dem Entstehen und Wachsen all' dieser Myopien einen sicheren Anteil hat, dass ohne
die im Leben notwendige Arbeit die Myopie nicht entstehen und nicht wachsen konnte;
und weil jede Myopie, die heute 10,0 oder 11,0 D. beträgt, einmal im Leben 1,0
oder 2,0 gewesen sein muss, darf man nicht willkürlich Achsenmyopie von bestimmter
bedeutender Höhe als nur hereditär von den anderen abtrennen (T s c h e r n i n g),

gradig kurzsichtigen Augen unabhängig von den Einflüssen der
Nahearbeit durch krankhafte Vorgänge es geworden, doch wohl
nicht unbedingt anschliessen können, indem denn doch die be-
gründete Annahme zu nahe liegt, dass nicht alle diese Augen
durch primär krankhafte Zustände ektatisch geworden sind, dass
vielmehr unter denselben ganz unzweifelhaft viele sind, bei denen
es ursprünglich dieselben schädlichen Momente bei der Nahearbeit waren, die zur niederen Kurzsichtigkeit führten, ganz ebenso
wie bei den anderen geringgradig kurzsichtigen Augen, deren
Myopie Tscherning als Anpassungsmyopie durch Nahearbeit
auffasst. Wenn dann bei jenen der Grad der Myopie ein ex-
cessiv hoher geworden ist, so könnte sich dies daraus erklären,
dass bei ihnen die die Ektasierung begünstigenden (das wäre abnorm geringe Resistenz der Bulbuswandung) und die sie hervor-
rufenden Momente (Druck und Zerrung bei der Nahearbeit) von
Hause aus in ausserordentlich hohem Grade entwickelt waren,
und dass letztere Momente auch sehr häufig in Kraft traten, d. h.
mit anderen Worten, dass die Augen unter besonders ungünstigen
Verhältnissen ganz aussergewöhnlich stark in der Nähe angestrengt wurden. Möglich auch, dass in solchen Fällen, bei denen
es, wie gesagt, ursprünglich die gleichen schädlichen Faktoren
bei der Nahearbeit gewesen sein dürften, die zur beginnenden
Kurzsichtigkeit führten, sich durch die Ektasierung am hinteren
Pol consekutive (zum Teil wohl pathologische) Veränderungen
einstellten, welche ihrerseits das excessive Wachstum der Myopie
verursachten.

Mit der Zeit wird man, wie gesagt, zweifelsohne dahin kommen, mehrere anatomisch wohl charakterisierte Formen von myopischen Augen zu unterscheiden [1]). Doch wird es noch gar man-

denn diese hohen Grade müssen erst durch die Arbeit des Lebens aus den niederen
geworden sein. Ebenso ist klar, dass es nicht gerechtfertigt ist, bestimmte mittlere
Myopiegrade als Arbeitsmyopie aus den anderen auszuscheiden (Stilling), weil eben
an allen Myopiegraden die Arbeit ihren Anteil hat, und bei jugendlichen Individuen,
die heute Myopie 3,0 haben, nie vorauszusagen ist, ob sie nicht nach wenig Jahren
bei fortgesetzter Arbeit hohe Myopie erworben haben werden.«

1) Was das Vorkommen von angeborenem Langbau betrifft, so enthält die
Sammlung von Prof. Becker ein Kindsauge, dessen ganz aussergewöhnliche Form

cher Untersuchung bedürfen, bis man so weit ist. So lange dies
nicht der Fall ist, wird man stets vorsichtig sein müssen, aus
entgegenstehenden Befunden gleich den Schluss ziehen zu wollen,
ein von dem einen Untersucher als wichtig angegebener Befund
sei vollständig bedeutungslos, weil ihn ein anderer Untersucher,
der vielleicht ein Auge untersuchte, das einer ganz anderen Kategorie von myopischen Augen angehörte, bei diesem nicht konstatieren konnte.

Was nun das Ergebnis der anatomischen Untersuchung von
myopischen Augen speziell mit Rücksicht auf die Veränderungen
an der Eintrittsstelle des Sehnerven betrifft, so sind hier als von
hervorragender Wichtigkeit in erster Linie die Untersuchungen
von Ed. v. Jäger zu nennen, welche stets ihre grosse Bedeutung
behalten werden, wenngleich auch heute mancher Befund anders
aufgefasst wird, als dies von Jäger geschehen ist. v. Jäger
konnte bei einer grösseren Anzahl myopischer Augen, welche er
zu Lebzeiten untersucht und deren Augengrund er gezeichnet
hatte, post mortem auch die anatomische Untersuchung vorneh-
men. So war es ihm möglich, neben der Zeichnung des Augenspiegelbildes jeweils auch eine Zeichnung des zugehörigen anatomischen Präparats vom Sehnervendurchschnitt im Horizontal-
durchmesser zu geben [1]). Aus der Nebeneinanderstellung beider
war bis zu gewissem Grade ersichtlich, wodurch anatomisch die
ophthalmoskopisch sichtbaren Veränderungen an der Eintrittsstelle
des Sehnerven bedingt sind.

---

auf angeborenem Langbau beruhen dürfte. Leider ist dieses wichtige Auge bis jetzt —
so viel mir bekannt — noch nicht genau untersucht, wenigstens noch nicht beschrieben.
Ich selbst habe ein hochgradig myopisches Auge eines Erwachsenen von ganz ausser-
gewöhnlichem Verhalten untersucht; es hatte dieses Auge eine ganz regelmässig ovale
Form; die Sklera war nirgends - insbesondere nicht am hinteren Pol — verdünnt,
im Gegenteil von ganz erheblicher Dicke. Der Glaskörper lag durchweg der Innenfläche der Bulbuswandung an, der ganze Glaskörperraum war von Glaskörpermasse,
die deutliche Septen zeigte, durchaus erfüllt, das ganze Auge machte den Eindruck,
als handle es sich bei ihm um ein ganz regelmässiges Auswachsen einer ursprünglich
gegebenen ovalen Form. An anderer Stelle wird der Befund dieses in mancher Beziehung interessanten Auges ausführlich mitgeteilt werden.

1) E. v. Jäger, Ueber die Einstellungen des dioptrischen Apparates des Auges
1861. Taf. II. Fig. 18—29.

E. v. Jäger hat schon den Versuch gemacht, mehrere anatomisch verschiedene Formen von myopischen Augen aufzustellen.

Die eine häufigere Form, welche er als angeborenen kurzsichtigen Bau [1]), als angeborenes Staphyloma posticum [2]) bezeichnet, kommt so ziemlich auf die Form heraus, welche Tscherning als Anpassungsmyopie, erworben durch anstrengende Nahearbeit, auffasst. Wenngleich Jäger den Einfluss der Nahearbeit negiert, so stimmt doch sonst das, was er über diese Form sagt, in vieler Beziehung mit den Anschauungen Tscherning's in Bezug auf dessen »Anpassungsmyopie« überein.

In dem Auftreten und der Vergrösserung des Conus und der Ektasie am hinteren Augapfelabschnitt vermag Jäger in keiner Weise die Erscheinungen eines mehr oder weniger entzündlichen krankhaften Vorgangs (einer Sclerotico-Chorioiditis) zu sehen (l. c. S. 71). Sämtliche konstante Gewebsveränderungen scheinen ihm »im Einklang, im richtigen Verhältnis zur Formabweichung des Augapfels zu stehen«. »Das, wenn auch seltene Vorkommen eines mehr konischen Baues und das Auftreten von Ausbauchungen am hinteren Abschnitt im Fötalauge und dem Auge des Neugeborenen, die fast durchgängige Entwicklung solcher Ektasien *während der Entwicklungsperioden* des menschlichen Körpers und ihr *unverändertes* Fortbestehen *nach Abschluss der Entwicklungsperioden*«, ... »die Art der gegebenen Abweichungen in dem Gewebe selbst, deren Gleichartigkeit in ihrem Auftreten, das Nichtübereinstimmen dieser Gewebsveränderungen ihres lokalen Auftretens und ihrer Form nach mit solchen nachweisbar entzündlicher Natur im Augengrunde, der Mangel irgend welcher mit Sicherheit nachzuweisender Entzündungserscheinungen, so-

---

1) l. c. S. 25—72.

2) l. c. S. 262 u. ff. Seine Meinung über den Conus fasst v. Jäger dahin zusammen: Berücksichtigt man die Entwicklung des menschlichen Auges in den verschiedenen Fötalperioden, das Bestehen und die Schliessungsart des hinteren Fötalspalts, die insbesondere durch Ammon (Arch. f. Ophth. Bd. IV. 1) so gründlich verfolgt wurde, so dürfte in dem Conus nicht nur *meistens* der Ausdruck einer in späteren Lebensperioden hervortretenden Gewebsveränderung, sondern mitunter auch das Zeichen einer bei der Schliessung des Fötalspalts (Chorioideal- und Sklerotikalspalts) gegebenen Anomalie zu erkennen sein (l. c. S. 69).

wohl während des Lebens als auch nach dem Tode, die unge-
störte Ernährung der übrigen Gebilde des Auges, der Mangel
einer Funktionsstörung der Netzhaut, die gleiche Ausdauer solcher
Augen mit anders gebauten« scheinen Jäger »mit Sicherheit
nachzuweisen, dass solche Ektasien als eine dem übernommenen
Bildungstypus entsprechend sich entwickelnde Anomalie in der
Form des Auges angesehen werden müssen.«

Im Gegensatz zu dieser Form steht nach Jäger die andere
seltenere, die deletäre Form, welche er als erworbenen kurzsichtigen Bau bezeichnet. Bei ihr ist — auch wieder im Einklang
mit der Tscherning'schen Einteilung — die Ektasierung als
eine Folge von krankhaften Vorgängen in den Formhäuten des
Auges aufzufassen. Ist der Sitz der entzündlichen Vorgänge im
vorderen Augapfelabschnitt, so wird eine Verlängerung der Augenachse nach vorne erfolgen durch eine stärkere Hervorwölbung
des ganzen vorderen Augapfelabschnitts (l. c. S. 73). Ist der
Sitz der entzündlichen Veränderungen (das Sclerotico-Chorioideal-
leiden) im hinteren Abschnitt, so wird eine Verlängerung der
Augenachse nach rückwärts erfolgen. Im Gegensatz zu jener anderen Form, bei der das Auge normal funktioniert und mit abgeschlossenem Wachstum unverändert bleibt, hebt Jäger für
diese, durch krankhafte Vorgänge ektasierte Augen als charakteristisch hervor: das Auftreten der chorioiditischen und skleroti-
schen Veränderungen vorzüglich im mittleren und vorgerückten
Lebensalter, ihre Verbreitungsart und ihr überwiegend häufiges
Vorschreiten bis zur Vernichtung der Funktion des Auges, die
unendliche Verschiedenheit und Veränderlichkeit ihrer Erscheinungen, der Mächtigkeit, Form, Zahl, Gruppierung u. s. w. nach,
die beinahe konstante Entwicklung sekundärer Erscheinungen in
den übrigen Gebilden des Auges, besonders im Glaskörper, Lin-
sensystem, die beinahe stets schon im Beginn vorhandene geringere oder grössere Funktionsstörung der Netzhaut und des
Akkommodationsapparats (l. c. S. 90). Wenn Jäger dabei die
Frage aufwirft, »ob sich eine Chorioiditis oder Sclerotitis im Allgemeinen häufiger in Augen entwickelt, die einen Conus besitzen
oder mit einem (sogenannten) angeborenen Staphyloma posti-

cum behaftet sind, als in normal oder übersichtig gebauten Augen«,
so berührt er damit einen Punkt, dessen bereits oben Erwähnung
geschah.

Was speziell die hier zumeist interessierenden Veränderungen
der Eintrittsstelle des Sehnerven betrifft, so beschreibt Jäger
ausser den Veränderungen an den Sehnervenscheiden und am
Zwischenscheidenraum auch ausführlich die an dem Sehnervenkopf zur Beobachtung kommenden Veränderungen (l. c. S. 60 u. ff.)
als da sind: »Verkürzung des Sclerotico-Chorioidealkanals, und
damit geringere Dicke der Lamina cribrosa«, Hebung der Grenzfläche der inneren Nervenhüllen (das ist der Scheidefläche des
durchsichtigen und undurchsichtigen Teils des Sehnervenstranges
innerhalb des Sklerotikalkanals)«, damit Verkürzung »des Abstandes der Grenzfläche der inneren Nervenhüllen von der inneren Sehnervenoberfläche«. Entsprechend der Verkürzung des
inneren Sehnervenendes (-kopfes) wird die normale Auseinander-
weichungs- und Umbiegungsstelle der Optikusfasern in ihrer ra-
diären Ausbreitung bedeutend näher an die Grenzfläche der inneren Nervenhüllen herangerückt. Das innere Sehnervenende erscheint unter frühzeitiger Umbiegung und Ausbreitung der Optikusfasern wie in das Innere des Auges hineingezogen. Wenn
dann gesagt wird, dass die Optikusfasern in ihrem Durchtreten
durch die Lamina cribrosa und unmittelbar darnach meistens ihre
normale Richtung verlieren, gestreckt erscheinen und »gewöhnlich sämtlich nach der Seite der stärksten Sklerotikalektasie zu-
gewendet« sind, so wird damit die Auffassung nahe gelegt, dass
die Ektasie des betreffenden Teils des hinteren Bulbusabschnitts
das Primäre ist, welche ihrerseits sekundär die Verziehung des
Sehnervenkopfes bedingt.

Spätere Untersucher, welche in gleicher Weise die Verziehung
des Sehnervenkopfes konstatierten, schlossen sich dieser Erklärung an, so auch neuerdings Dr. Herzog Carl Theodor in
Bayern [1]) (S. 243).

----

1) Ueber einige anatomische Befunde bei der Myopie. Mitteilungen aus der
Königlichen Augenklinik in München, 1882.

Diese Erklärungsweise hat in der That auf den ersten Blick auch etwas ungemein Bestechendes, besonders in Betreff der Befunde, die man beim hochgradig myopischen Auge bekommt. Nach dem, was ich in letzter Zeit an solchen höchstgradig kurzsichtigen Augen gesehen habe, welche offenbar zu der 2ten Kategorie, nämlich zu den durch krankhafte Vorgänge ektasierten Augen gehörten [1]), möchte diese Erklärung für manche Fälle auch ganz richtig sein, nur passt sie nicht, wie ich dies schon früher nachdrücklich hervorgehoben habe [2]), für alle Fälle (wahrscheinlich überhaupt nicht für die gewöhnliche Form der Myopie), indem die temporale Verziehung des Sehnervenkopfes an Augen mit beginnender Myopie, — bezw. allgemein ausgedrückt —, an Augen, die auf dem Wege sind, durch Achsenverlängerung ihre Refraktion zu erhöhen, wie ich dies nachgewiesen habe [3]), deutlich und sogar schon in exquisiter Weise vorhanden sein kann, ohne dass überhaupt eine, bezw. ohne dass eine irgend erhebliche Ektasie im hinteren Bulbusabschnitt besteht [4]). Es ist eben das Missverhältnis zwischen hochgradigen Veränderungen an der Papille einerseits und nur geringer Ektasie andererseits, was gegen jenen supponierten Zusammenhang spricht. Anatomische Befunde, welche diese Anschauung unterstützen, konnte ich auch neuerdings wieder konstatieren. Während die meisten Befunde von myopischen Augen sich auf die Untersuchung hochgradiger Formen derselben beziehen, war es mir möglich, eine Anzahl schwach kurzsichtiger Augen untersuchen und an ihnen die ersten Ver-

1) So sah ich unlängst bei einem höchstgradig ektasierten (myopischen) Auge mit stärkster Ektasie nasalwärts von der Papille eine deutliche Herüberziehung des Sehnervenkopfes in nasaler Richtung.

2) W e i s s, Ueber den an der Innenseite der Papille sichtbaren Reflexbogenstreif und seine Beziehung zur beginnenden Kurzsichtigkeit. Arch. f. Ophth. XXI, 3. Sep.Abdr. Nr. 15.

3) W e i s s, Beiträge zur Anatomie des myopischen Auges. Nagel's Mitteilungen Heft III. S. 62, 74—80.

4) Damit soll aber nicht gesagt sein, dass die Ektasierung am hinteren Bulbusabschnitt überhaupt ohne jeglichen Einfluss auf das Verhalten der Eintrittsstelle des Sehnerven sei. Wenn die ersten Veränderungen an demselben auch unabhängig von der Ektasie sind, so kann die mehr und mehr zunehmende Ektasie späterhin doch den Einfluss haben, dass dieselben durch sie gesteigert werden.

änderungen studieren zu können. In Nagel's Mitteilungen (Heft
III. S. 63) habe ich den Befund einiger dieser Augen ausführlich
beschrieben. Was die Veränderungen an der Eintrittsstelle des Sehnerven betrifft, so haben mir meine Untersuchungen, wie gesagt,
gezeigt, dass diese schon sehr frühzeitig, mitunter dabei schon in
exquisiter Entwicklung, zu konstatieren sind. Die am meisten
hier in die Augen fallenden Veränderungen sind — neben der
Erweiterung und Verziehung des Zwischenscheidenraumes — an
der nasalen Seite der Papille die schnabelförmige Herüberziehung
des Skleralrandes mit Chorioidea und Netzhaut über den Sehnervenquerschnitt, an der temporalen Seite die stumpfwinklige
Abrundung des Begrenzungsrandes des Sklerotikalkanals mit Her-
ausziehung von Optikusfasermasse über den abgerundeten resp.
umgebogenen Skleralrand auf die Innenfläche der Sklera, wo sie
in einigem Abstand vom Papillenrande deutlich in die Chorioidea
übergeht. Dabei war es mir möglich, sowohl an Schnitt- als
auch an Zupfpräparaten den Zusammenhang der Chorioidea mit
der herausgezogenen Optikusfasermasse unzweifelhaft klar festzustellen, sowie auch nachzuweisen, dass die Chorioidea sich durch
den ganzen Sehnervenkopf hindurch verfolgen lässt, und dass sich
dieser Zusammenhang sogar in Gestalt eines feinen häutigen Ge-
bildes demonstrieren lässt, das den Sklerotikalkanal überspannt
und in die Chorioidea übergeht.

Durch Wiedergabe einiger Zeichnungen, die von Veith

Fig. 1.

gefertigt sind, dürften die eben berührten Verhältnisse am besten
erläutert werden. (Siehe Tafel I und II und Figur 1. 2.)

Fig. 2.

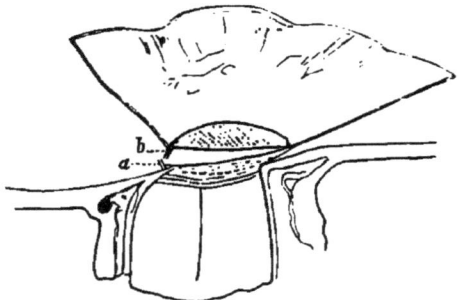

Fig. 1 bei anliegender Chorioidea, die andere Fig. 2. nach vorsichtiger Loslösung
derselben von der Sklera gezeichnet.

Alle die an der Eintrittsstelle des Sehnerven zu sehenden
Veränderungen, sowohl die an dem inneren, als auch die an dem
äusseren Rande, mögen sie auch noch so mannigfaltig und noch
so verschieden unter einander sein, sie alle lassen sich unter einen
gemeinschaftlichen Gesichtspunkt bringen, — sie sind auf eine
Herüberziehung des Sehnervenkopfes in temporaler Richtung über
den Sehnervenquerschnitt herüber zu beziehen [1], bei mehr oder
weniger hochgradiger und mehr oder weniger extensiver Dehnung
der nächst angrenzenden Formhäute. Und diese temporalwärts
gerichtete Herüberziehung des Sehnervenkopfes scheint die erste
nachweisbare anatomische Veränderung an Augen zu sein, welche
auf dem Wege sind, durch Achsenverlängerung ihre Refraktion zu
erhöhen.

Einige Jahre nach Mitteilung meiner Untersuchungen hat
dann Schön in seiner Arbeit »Zur Aetiologie des Glaukom«
(Arch. f. Ophth. Bd. XXI, 4. S. 1. Jahrgang 1885 Seite 8, 9 und
32) anscheinend als einen ganz neuen Befund die von mir zuerst
beschriebenen Veränderungen an der Eintrittsstelle des Sehnerven,
die auch er bei einem hochgradig myopischen Auge fand, ausführlich geschildert und auch in Zeichnung wiedergegeben (Taf.

---

[1] Weiss, Ueber den an der Innenseite der Papille sichtbaren Reflexbogenstreif
etc. Separatabdruck S. 15.

III IV. Fig. 8). Ebenso beschreibt er — gleichfalls ohne meiner
diesbezüglichen Untersuchungen Erwähnung zu thun [1]) — eingehend den Zusammenhang der Chorioidea mit dem Sehnervenkopf, den er als hintere Insertion des Ciliarmuskels resp. dessen
Sehnenfasern auffasst, auf welche Auffassung er die Meinung grün-
det, dass unter dem Einfluss von anstrengender akkommodativer
Thätigkeit durch den dabei (der Annahme nach) auftretenden
Zug an dem Sehnervenkopf eine »akkommodative« Exkavation
der Papille zu Stande komme mit Ausbauchung der Wandung
des Sklerotikalkanals. Richtig ist, dass die Wandung des Sklerotikalkanals durchaus nicht selten ausgebaucht gefunden wird.
Unrichtig ist aber entschieden der Schön'sche Erklärungsver-
such. Für die Entstehung dieser Veränderung sind offenbar ganz
andere Verhältnisse verantwortlich zu machen. Wäre die Schön'-
sche Erklärung richtig, so sollte man hienach doch erwarten, dass
das Maximum der Ausbauchung, entsprechend der Ansatzstelle
der supponierten Sehnenfasern, in der Chorioidalebene bezw. an
deren hinteren Grenze liege; dem ist aber nicht so, das Maximum
der Ausbauchung fällt, wie dies auch bei den photographischen
Abbildungen von Schön's eigenen Präparaten [2]) zu sehen ist,
ungefähr in die Mitte der Skleraldicke. Ferner muss die Annahme von hinteren Sehnenfasern des Ciliarmuskels, die sich an
dem Umfang des Sehnerven inserieren sollen, von Schön denn
doch besser anatomisch begründet werden, als dies bis jetzt geschehen ist. Man sollte von vornherein denn doch meinen, eine
anatomische Verbindung, der eine so starke Zugwirkung vindi-
ciert wird, könne nicht gar so schwer anatomisch überzeugend
nachweisbar sein. Schliesslich sei noch darauf hingewiesen, wovon weiter unten die Rede sein wird, dass eine Zugwirkung im
Sinne der Schön'schen Annahme an der temporalen Seite der
Papille schwer verständlich ist, da durch die durchtretenden Ge-

---

1) Wenn Schön mir nach erfolgter Reklamation brieflich mitteilt, es sei ihm
meine in Nagel's Mitteilungen erschienene Arbeit »nicht zugänglich«, so muss das
doch mindestens auffallend erscheinen, dass dies in der Universitätsstadt Leipzig, dem
Mittelpunkt des deutschen Buchhandels, möglich ist.

2) die Schön auf dem Ophth-Kongress 1887 demonstrierte.

fässe und Nerven am hinteren Pol zwischen Sklera und Chorioidea zahlreiche Verbindungen bestehen, in Folge deren ein Zug, der von dieser Seite kommt, abgeschwächt würde. Bei anderer Gelegenheit hoffe ich auf die hier in Betracht kommenden Verhältnisse näher eingehen zu können.

Auch J. Stilling hat bei seinen anatomischen Untersuchungen von myopischen Augen meine Angaben in Betreff des Verhaltens der Papille bestätigt gefunden. In seiner grösseren, demnächst zur Veröffentlichung kommenden Arbeit über Myopie [1]) wird er mehrere diesbezügliche Abbildungen geben, von denen ich Gelegenheit hatte, Einsicht zu nehmen.

Auf Grund meiner anatomischen Befunde habe ich schon vor längerer Zeit darauf aufmerksam gemacht [2]), dass die kleinen und dabei völlig weissen Sicheln, die man so oft an dem temporalen Rande der Papille des myopischen Auges sieht, und die man bei geringer Entwicklung als conusförmige Verbreiterung des Skleralrings auffassen und bezeichnen kann, ihren anatomischen Grund in der Herüberziehung von Optikusfasermasse über den abgerundeten äusseren Skleralrand haben, wobei man an deren Stelle durch die durchsichtige Nervenmasse hindurch auf die weisse Sklera bezw. auf den umgebogenen Sklerotikalkanalrand sieht. Wenn Stilling neuerdings — nach mündlicher Mitteilung — geneigt ist, das Bild aller Coni davon abzuleiten, dass der Untersucher bei der Augenspiegeluntersuchung auf die (trichterförmig) umgebogene weisse Wandung des Sklerotikalkanals sieht, so dürfte er bei solcher Verallgemeinerung doch wohl über das Ziel hinausschiessen.

Wie oben schon bemerkt, lassen sich alle die mehrerwähnten am inneren wie am äusseren Papillarrand sichtbaren Veränderungen auf eine Verziehung des Sehnervenkopfes in temporaler Richtung zurückführen, und wie weiter bereits bemerkt, ist für die schon beim schwachkurzsichtigen Auge in exquisiter Weise vorhandene Herüberziehung die Erklärung nicht stichhaltig, dass

---

1) Ist mittlerweile erschienen
2) Nagel's Mitteilungen, Heft 3. S. 83 u. ff. Näheres siehe daselbst.

diese durch die Ektasie am hinteren Pol entstanden sei. Fragt
man, wodurch ist sie denn entstanden, so lässt sich diese Frage
in allgemein gehaltener Form dahin beantworten: Sie ist entstanden durch eine Zerrung an der Eintrittsstelle des Sehnerven,
deren Ursachen wir ausserhalb des Bulbus zu suchen haben.
Ich konstruierte mir nach den Maassen des normalen Auges
ein Gummimodell, welches das Auge mit Sehnerv und Muskeln
darstellte, und bei dem das Auge um seinen Drehpunkt beweglich war. Wurde nun das Auge durch Anspannung des M.
rectus internus nach innen bewegt, so sah ich bei gleichzeitiger
Anspannung des Sehnerven, die dadurch erreicht wurde, dass
man bei nur geringer Krümmung des Sehnerven das hintere Ende
fixiert hatte, — dass dabei die ursprünglich normale Eintrittsstelle
des Sehnerven ungefähr diejenige Form annahm, die man beim
schwach kurzsichtigen Auge findet.

Auf die schon mehr erwähnten Befunde hin, die man als
erste nachweisbare Veränderung am myopisch werdenden Auge
an der Eintrittsstelle des Sehnerven findet, habe ich früher [1]) den
Versuch gemacht, eine mechanische Theorie bezw. eine Hypothese
über die Entstehung der Kurzsichtigkeit aufzustellen, die im Wesentlichen ungefähr darauf hinausläuft: Bei Augen, welche durch
anstrengende Nahearbeit kurzsichtig werden, findet man anatomisch
eine Verziehung des Sehnervenkopfes in temporaler Richtung.
Durch diese Verziehung wird der normaliter hier stattfindende
Lymphabfluss [2]) gehemmt, und es kommt somit zu einer Flüssig-
keitsansammlung vor der Papille (als deren ophthalmoskopisch
sichtbarer Ausdruck der von mir ausführlich beschriebene, an

---

1) W e i s s, Verhandl. des Ophthalmologen-Kongresses in Heidelberg 1885. S. 144.
2) W e i s s, Zur Flüssigkeitsströmung im Auge. Sep.Abdr. aus den Verhand-
lungen des naturhistor. medizin. Vereins zu Heidelberg. II. Bd. 1. Heft. 1877. — H.
G i f f o r d, Ueber das Vorkommen von Mikroorganismen bei Conjunctivitis eczema-
tosa und anderen Zuständen der Bindehaut und Hornhaut. Arch. f. Augenheilk.
Bd. XVI, 2. S. 197. — J. S t i l l i n g, Ueber die Pathogenese des Glaukom. Arch.
f. Augenheilk. Bd. XVI. 3/4. S. 303. — H. G i f f o r d, Beitrag zur Lehre der sym-
pathischen Ophthalmie. Arch. f. Augenheilk. Bd. XVII. 1. S. 14. — H. G i f f o r d,
Ueber die Lymphströme des Auges. Arch. f. Augenheilk. Bd. XVI. Heft 3/4. S. 421.
R. U l l r i c h.

der Innenseite der Papille sichtbare Reflexbogenstreif aufzufassen
wäre [1]) — welche als ein den intraokularen Druck vermehrendes
Moment wirkt und mit dazu beiträgt, die weiche Sklera des jugendlichen Auges zu ektasieren. Es wird dies um so leichter
der Fall sein können, als die gezerrte und gedehnte Sklera nach
aussen von der Eintrittsstelle des Sehnerven durch die häufig
sich wiederholenden Zerrungen mit der Zeit an Elastizität und
Widerstandsfähigkeit verlieren dürfte. Bei Aufstellung dieser Hypothese habe ich ausdrücklich hervorgehoben, dass auch noch
andere Faktoren mit in Betracht kommen können, und zwar
einmal solche, welche erst mit resp. durch die Ektasierungsvor-
gänge hervorgerufen werden und somit sekundär bei der Zunahme der Kurzsichtigkeit eine Rolle spielen, dann aber auch
noch andere primär mitwirkende Faktoren. Bei letzteren dachte
ich mit in erster Linie an die Resistenzverhältnisse der Sklera
selbst sowie an den Einfluss der bei bestimmten Augenstellungen
aktiv und passiv angespannten und dabei einen Druck auf das
Auge ausübenden Augenmuskeln. Dieser Druck kann bei häufiger Einwirkung grade auf das jugendliche Auge, dessen Wachstum noch nicht abgeschlossen und dessen Sklera noch leichter
formveränderlich ist, auf die definitive Formgestaltung desselben
von Einfluss sein.

Sehen wir ab von allen theoretischen Betrachtungen und Hypothesen und halten wir uns nur an die vorliegenden Thatsachen.

Thatsache ist, dass unter anstrengender Beschäftigung viele
Augen kurzsichtig werden. Da aber auch viele Augen unter
gleich anstrengender Beschäftigung nicht kurzsichtig werden, so
muss man für die ersteren noch ein disponierendes Moment an-
nehmen. Worin dieses bei solchen Augen beruht, bedarf gerade noch der Feststellung. Die disponierenden Momente können ihrerseits wieder *zweierlei* Art sein, *einmal* solche, welche
die Ektasierung am hinteren Pol begünstigen, wie z. B. Dünne
und Weichheit der Sklera daselbst, und *zweitens* solche, welche
die Ektasierung hervorrufen. Letztere treten bei der Nahe-

[1]) l. c.

arbeit in Wirksamkeit und nehmen durch vermutlich dabei ent-
stehenden Druck und Zerrung auf die Gestaltsveränderung des
jugendlichen, wachsenden Auges Einfluss. Hieraus ergiebt sich für
die anatomische Untersuchung eine *doppelte* Aufgabe, wenn sie
sich bemüht, die disponierenden anatomischen Momente und die
dabei in Betracht kommenden Faktoren und Verhältnisse festzustellen. Die Feststellung derselben bietet aber ihre grossen Schwierigkeiten, denn die beiden eben genannten Faktoren können in
den verschiedensten Verhältnissen zusammentreten, und hiervon
wird der Effekt abhängen [1]. Hierdurch wird es auch verständlich, dass man im einen Fall trotz gegebener erheblicher Disposition nur gering entwickelte Veränderungen, insbesondere nur
geringe Ektasierung am hinteren Pol wird finden können, dann
nämlich, wenn die Augen nur wenig in der Nähe beschäftigt
wurden, und umgekehrt im anderen Fall erhebliche Veränderungen, wenn bei gleicher bezw. bei sogar geringerer Disposition
die bei langdauernder anstrengender Nahearbeit in Kraft tretenden schädlichen Faktoren sich in hohem Masse geltend gemacht
haben.

Man konstatiert bei der anatomischen Untersuchung bestimmte
anatomische Befunde und will, gestützt auf diese letzteren, Schlussfolgerungen in Bezug auf das Vorhandensein bestimmter dispo-
nierender anatomischer Momente ableiten, wenn man an dem
Auge diejenigen Veränderungen findet, von denen man Grund
hat anzunehmen, dass sie sich — bei gegebener Disposition —
durch anstrengende Nahearbeit entwickeln. Nun weiss man aber
meist nicht genau — und insbesondere gilt dies für die Beurteilung von Sektionsbefunden, die man in Krankenhäusern macht, —
in welchem Grade die Augen insbesondere in der Jugend angestrengt in der Nähe beschäftigt wurden; und hieraus ergiebt sich
somit eine grosse Schwierigkeit bei der Beurteilung jeweils vor-

---

1) Hat man nach abgeschlossenem Wachstum einen bestimmten Grad von Myopie
vor sich, so bleibt ferner dabei auch immer das zu beachten, dass, wie oben bemerkt, der Grad derselben einerseits von den durchgemachten Veränderungen, andererseits von dem ursprünglichen Refraktionszustand, ob dieser hoch oder nieder war,
abhängt.

liegender Befunde, die, wie gesagt, zur Notwendigkeit führt, in
der Ableitung von weitgehenden Schlussfolgerungen jederzeit äus-
serst vorsichtig zu sein. Einen gewissen Anhaltspunkt für den
Grad der Nahearbeit giebt zwar allerdings im Allgemeinen die
Art der Schulbildung, der Beruf und die Lebensstellung des In-
dividuums, wobei aber doch auch wieder nicht übersehen werden
darf, dass auch innerhalb desselben Standes von Einzelnen die
Augen in ganz ausserordentlich verschiedener Weise beschäftigt
werden. Das beste wäre natürlich, wenn man über eine grössere
Zahl von anatomischen Befunden von solchen Personen verfügte,
welche in annähernd gleicher Weise ihre Augen in der Nähe beschäftigt haben. Der Natur der Sache nach wird die Beschaffung
eines derartigen Untersuchungsmaterials nicht leicht möglich sein.
Aber auch ohne das wird man zu ganz brauchbaren Schlussfolgerungen kommen können, wenn man nur über ein genügend
grosses Untersuchungsmaterial verfügt, denn es ist bei solchem
doch wohl anzunehmen [1]), dass sich darunter Fälle finden werden,
in denen bestimmte in Betracht kommende anatomische Eigentümlichkeiten in solch' exquisiter Ausbildung zu konstatieren sind,
dass man sie so leicht nicht übersehen kann. Einmal auf einen
bestimmten charakteristischen Befund aber aufmerksam gemacht,
wird man auch in Fällen von weniger exquisiter Ausbildung die
Bedeutung desselben würdigen.

Thatsache ist ferner, dass bei sich entwickelnder Myopie in
weitaus den meisten Fällen an der Eintrittsstelle des Sehnerven
ophthalmoskopische Veränderungen gesehen werden, die (wie verschieden sie auch unter sich erscheinen mögen) nach dem Ergebnis der anatomischen Untersuchung doch alle auf eine Verziehung
des Sehnervenkopfes in temporaler Richtung zurückzuführen sind.
Diese Herüberziehung ist an dem schwach kurzsichtigen Auge
die erste anatomisch nachweisbare Veränderung. Sie weist auf

---

[1]) Ganz abgesehen davon, dass die durchweg bei allen Ständen heutzutage ge-
steigerten Anforderungen der Schulbildung schon ein gewisses unteres Maass von anstrengender Nahearbeit bedingen, das gar nicht so gering anzuschlagen ist, so dass
heutzutage Augen, die nie oder nur sehr wenig in der Nähe in der Jugend angestrengt wurden, immer seltener werden.

eine Zerrung des Optikus hin, und deren Ursache wiederum ist zweifelsohne (siehe oben) ausserhalb des Bulbus zu suchen. Nahe liegt es dabei selbstverständlich, daran zu denken, ob nicht in bestimmten Verhältnissen des Optikus selbst die Ursache für das leichtere Zustandekommen einer Zerrung an der Insertionsstelle gegeben sein kann.

Somit führten mich meine Untersuchungen myopischer Augen und deren Befunde in ganz logischer Konsequenz, indem ich den Ursachen der Optikuszerrung nachging, zur Untersuchung der Orbita und des mit dem Augapfel in Verbindung stehenden Orbitalinhalts, insbesondere zunächst zur Untersuchung des Verhaltens des Orbitalstücks des Sehnerven, über das ausführlich berichtet werden soll.

Als ich, um mir selbst Klarheit über die in Betracht kommenden Verhältnisse zu verschaffen, an die anatomische Untersuchung der Orbita heranging, war es zunächst die ganz allgemein gehaltene Frage, die ich mir vorlegte: Tritt überhaupt bei gewissen Bewegungen des Auges eine Zerrung des Sehnerven ein, und wenn dies der Fall ist, wodurch ist sie dann bedingt?

Wie bekannt, hat der Optikus während seines Verlaufes durch die Orbita eine — wie man gewöhnlich sagt S förmige — Biegung, welche für die freie Beweglichkeit des Augapfels bis zu einem gewissen Grade ein physiologisches Bedürfnis ist, da im anderen Fall bei gestrecktem Verlauf jede Augenbewegung eine Zerrung oder, richtiger gesagt, eine mehr oder weniger starke Spannung desselben resp. seiner Scheiden bedingen würde. Dabei hat die Insertion des Sehnerven medial von der Mittellinie, worauf von anderer Seite schon aufmerksam gemacht worden ist [1]), die Bedeutung, dass hierdurch bei gewissen Bewegungen es weniger leicht zur Zerrung kommen kann.

Indem ich mir sagte: Ist das Abrollungsstück des Sehnerven gross, so wird es, ceteris paribus, selbst bei ausgiebigen Bewegungen selbstverständlich weniger leicht zu einer Zerrung an der Eintrittsstelle kommen als im umgekehrten Fall —, gingen meine

--

[1]) Paulsen.

Untersuchungen zunächst darauf aus, festzustellen: wie gross ist das Abrollungsstück und wie gross ist das Orbitalstück des Sehnerven überhaupt? Letzteres ist für das leichtere oder schwierigere Zustandekommen einer Zerrung durchaus nicht bedeutungslos, wie dies aus beistehender Figur leicht ersichtlich ist.

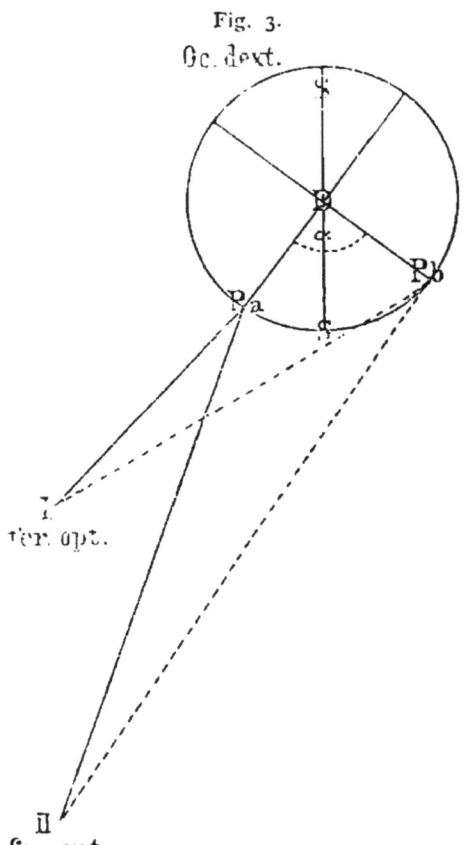

Fig. 3.
Oc. dext.

for. opt.

Es sind mit willkürlich angenommenen Zahlenwerten 2 Fälle dargestellt, in denen das Foramen opticum das einemal in I, das anderemal in II liegt. Die Entfernung von I bis zur Eintrittsstelle des Sehnerven P a beträgt nur etwa die Hälfte von II bis P a, im ersten Fall 7,0, im zweiten 14,2. Wird jetzt das Auge aus der Primärstellung um den — absichtlich übergross gewählten — Winkel α gedreht, so kommt hierbei die Papille aus der ursprünglichen Lage P a nach Pb zu liegen. Da jetzt die Entfernung I — Pb = ca. 11 und II — Pb = ca. 17 beträgt, so ist daraus ersichtlich, dass im ersteren Fall (bei angenommenem kürzeren Abstand vom For. optic. zur Papille) der Abstand nach ausgeführter Bewegung um 4 grosser geworden ist, während er im zweiten nur um etwa 2,8 zugenommen hat. Es geht daraus hervor, dass bei *langem Sehnerven* weniger leicht Zerrung eintritt.

Eigene Untersuchungen schienen mir hier um so mehr geboten, als die diesbezüglichen Angaben in den Lehrbüchern im Allgemeinen nur wenig vollständig sind.

Ueber das Ergebniss meiner ersten Untersuchungen (nach 60 Sektionsbefunden) habe ich bereits vor längerer Zeit auf der Naturforscher-Versammlung in Strassburg im J. 1885 Mitteilung gemacht [1]. Zunächst machte ich damals auf die grosse Mannigfaltigkeit in der Krümmung des Sehnerven aufmerksam. Dieselbe wird bald stark, bald gering gefunden, sehr oft auf beiden Seiten verschieden. Ferner wurde hervorgehoben, dass auch die Länge des Nerven sehr verschieden gefunden wird, »sie betrug im Maximum 30 mm, im Minimum 20 mm, im Mittel 24,0 mm. Der direkte Abstand vom vorderen Ende des Canal. optic. bis zur Insertion am Bulbus betrug im Mittel c. 18,3 mm, im Maximum 24 mm, im Minimum 14 mm. Die Differenz zwischen diesem letzteren Abstand und zwischen der Länge des leicht gestreckten Sehnerven betrug im Mittel 5,6 mm, im Maximum 12 mm, im Minimum 3 mm.«

»Was die Zerrung des Sehnerven (bei gewissen Stellungen des Auges) betrifft, so war dieselbe gering, resp. sie fehlte ganz, selbst bei ausgiebigen Bewegungen, wenn der Nerv lang und stark gekrümmt war, also ein grosses Abrollungsstück hatte, sie war dagegen eine unter Umständen ganz erhebliche, wenn der Nerv kurz war und gestreckt verlief. Neben der Länge (und Grösse) des Abrollungsstückes scheinen auch noch andere Verhältnisse, wie Abstand der Augen, Abstand der Canal. optici, sowie Lagebeziehung dieser letzteren zur Bulbusinsertion mit von Einfluss zu sein, ebenso wie auch die Art der Krümmung.« »Davon, dass der bei Konvergenzstellung gedehnte Rectus externus an und für sich allein eine starke Zerrung bedingt (wie dies Emmert [1] annimmt), konnte ich mich nicht überzeugen; war der Optikus genügend lang, so wurde auch durch den gedehnten Externus keine Zerrung der Insertionsstelle hervorgerufen, war er dagegen kurz und wurde er gezerrt, so ist weitere Verstärkung der Zerrung durch den Externus nicht ausgeschlossen.« — »Fand eine mehr oder weniger starke Zerrung am Optikus statt, so wurde die Papille verändert gefunden.«

1) Weiss, Ueber Länge und Krümmung des Orbitalstücks des Sehnerven und deren Einfluss auf die Entstehung der Kurzsichtigkeit. Tagebl. d. 58. Vers. S. 498 u. ff.

Fortgesetzte Untersuchungen haben mir gezeigt, dass Länge des Sehnerven und Grösse des Abrollungsstücks entschieden von ganz ausserordentlicher Bedeutung sind, dass bei Entstehung von Optikuszerrung aber auch noch andere Verhältnisse wesentlich mit in Betracht kommen. Soll es bei Bewegungen des Auges nicht zu einer Zerrung an der Eintrittsstelle kommen, so muss nicht nur ein grosses Abrollungsstück, welches durch die Differenz zwischen leicht gestrecktem Sehnerven und direktem Abstand vom Foramen opticum zur Insertionsstelle am Bulbus gegeben ist, *vorhanden* sein, es muss dasselbe auch leicht und ausgiebig *verwendbar* sein; und letzteres hängt von 2 Dingen ab, erstens von der Beschaffenheit des Sehnerven selbst, ob dieser weich, dünn und elastisch ist (oder das Gegenteil), und zweitens von den Widerständen, die der Streckung des Sehnerven entgegenstehen; letztere wird nun bedingt sein durch den Orbitalinhalt einerseits und der Art der Krümmung des Sehnerven andererseits. Weiter kommt selbstverständlich in Betracht, ob die Verbindung des Sehnerven mit dem Bulbus eine feste oder eine lose ist, im letzteren Fall dürfte es natürlich leichter zu Zerrung kommen als im ersteren.

Bevor ich zur Mitteilung des Ergebnisses meiner Untersuchungen der Orbita übergehe, muss ich mit einigen Worten noch zweier neuerdings veröffentlichter, in mancher Beziehung höchst beachtenswerter Arbeiten über die Myopiefrage gedenken. Es sind dies die Arbeiten von S t i l l i n g Ueber Entstehung der Myopie« [2]) und von S c h n e l l e r »Ueber Entstehung und Entwicklung der Kurzsichtigkeit« [3]).

S t i l l i n g hebt einen für die Myopiefrage wichtigen Gesichtspunkt hervor, indem er die Meinung aufstellt, dass »die Myopie im Wesentlichen ein Wachstum unter Muskeldruck und zwar wäh-

---

1) E m m e r t , Auge und Schädel. Untersuchungen über Refraktion, Akkommodation, gewisse Massverhältnisse der Augen und Augenhöhlen, Achsenverlängerung und Bewegungsmechanismus des Augapfels. 1880.

2) Bericht über die Versamml. der ophthalmol. Gesellschaft zu Heidelberg 1886. Die grössere Arbeit S t i l l i n g's erschien während des Drucks.

3) Arch. f. Ophthalmol. Bd. XXXII. 3. S. 245. Jahrg. 1886.

rend der grössten Wachstumsperiode« sei. »Es würde sich zunächst dadurch erklären, dass die Myopie stehen bleibt, sobald das Wachstum zu Ende ist« [1]). Während des Wachstums eines Organs bedürfe es nur eines ganz geringen Druckes, um dieses in eine ganz beliebige Form zu bringen. Bekannte Beispiele hiefür sind gegeben in den eigentümlichen Turmschädeln, die durch Umwickeln der Köpfe der Kinder mit Binden erzeugt werden, in den Füssen der Chinesinnen etc. Das schädliche Moment bei der Naharbeit glaubt Stilling »in den kleinen zuckenden Muskelbewegungen« suchen zu müssen, die wir dazu nötig haben. Von den hiebei in Thätigkeit tretenden Muskeln sind Rect. externus und Rect. internus verhältnismässig am wenigsten in Anspruch genommen, indem die beiden sich fortwährend ablösen, während die beiden anderen Muskeln, der Rectus inferior und der Obliquus superior dagegen in fortwährender Spannung sind. »Nun ist kein Ansatz und kein Verlauf des Muskels so wechselnd, als der des Obliquus, und darnach ist seine Wirkung ganz verschieden.« Je nach dem Verlauf und der Insertion des Obliquus könne es, wenn dieser Muskel angespannt wird, 1) zu einer Kompression des Bulbus und einer Zerrung am Umfang des Sehnerven kommen, 2) allein zu einer Zerrung, 3) zu einer Kompression allein und 4) weder zu Kompression noch auch zu einer Zerrung.

Mit den Anschauungen, welche Stilling bezüglich des Einflusses der Obliquuswirkung auf die Entstehung des sog. Staphy-

---

1) Darauf, dass die Myopie mit Abschluss des Körperwachstums im Allgemeinen stehen bleibt, ist zwar schon von verschiedenen Seiten aufmerksam gemacht worden, doch wurde noch von keiner Seite in der Weise, wie dies von Stilling geschieht, die directe Beziehung der Entstehung der Kurzsichtigkeit zum modifizierten Wachstum des Auges betont. v. Hasner glaubte, dass in der Ektasierung des hinteren Bulbusabschnitts selbst wieder ein Korrektiv gegen weitere Progression der Myopie liege, indem durch diese dabei zu Stande kommende Rücklagerung der Optikusinsertion die Beweglichkeit freier würde und die vorher bestandene Optikuszerrung somit geringer werde bezw. wegfalle. Ich selbst habe mich bei früherer Gelegenheit (Naturf.-Vers. in Strassburg S. 499) auf diese Anschauung v. Hasner's bezogen, muss aber gestehen, dass ich derselben gegenüber doch manches Bedenken haben muss, und dass ich der Annahme Stilling's zuneige, wie dies auch aus meinen obigen Darstellungen hervorgeht, wonach der gewöhnlich in späterem Alter zur Beobachtung kommende Stillstand der Myopie sich durch den Stillstand des Körperwachstums überhaupt erklärt.

loma posticum (des Conus) entwickelt, kann ich mich durchaus
nicht einverstanden erklären, auch jetzt nicht, nachdem ich zum
öftern Gelegenheit hatte, persönlich mit ihm über diesen Gegenstand zu sprechen. Mit Rücksicht auf diesen Punkt sagt Stilling (l. c. S. 17):

Es scheine ihm, »dass das Staphylom etwas mit dem verschiedenen Verlauf des Obliquus zu thun hätte. Nämlich diese
Zerrung, die man am Umfang des Sehnerven bemerkt und zwar
bei ganz leichter Obliquuskontraktion, ist verschieden je nach
dem Ansatz desselben. Meistenteils erstreckt sich *die Zerrung
in halbmondförmiger Figur* genau auf die Gegend, wo gewöhnlich das Staphylom sitzt, in anderen Fällen sieht man auch
die Zerrung oben. Kurz und gut, das stimmt ungefähr mit
dem, was man ophthalmoskopisch sieht.«
Hiezu kann ich nur das bemerken, dass ich bei den vielen Untersuchungen, die ich angestellt und bei denen ich auf die in Rede
stehenden Verhältnisse ganz besonders geachtet habe, nicht ein
einzigesmal auf einen Fall derart stiess, bei dem bei Anspannung
des Obliquus superior »eine Zerrung in halbmondförmiger Figur«
an der temporalen Seite der Papille zu bemerken gewesen wäre.
Wenn Stilling dann weiter sagt:

»Namentlich bei den selteneren Formen des Obliquusansatzes
sieht man auch diejenige Zerrung, von der man sich hätte
denken können, dass sie, ins Leben umgesetzt, eine der selteneren Formen des Staphyloms hätte hervorbringen können.
Darunter verstehe ich namentlich das Staphylom am oberen
Sehnervenumfang. Wenn der Obliquus, was nicht häufig vorkommt, ganz quer verläuft und dabei dem Bulbus in grösserer
Fläche anliegt, so torquiert er das Auge und den Sehnerven
und es entsteht dann eine querovale Papille«
so muss ich gestehen, dass mir der Mechanismus nicht klar ist,
wie durch Torsion des Auges um den Sehnerven eine querovale
Papille zu Stande kommen soll. Je nach Art und Weise der
Optikusinsertion einerseits und Beschaffenheit des Sehnerven andererseits wird sich ein Teil der Wirkung der Torsion an dem
Sehnervenstück selbst geltend machen, ein Teil an dem Umfang

der Sehnerveninsertion. An letzterer Stelle wird dann doch wohl die Torsionswirkung eine den ganzen Sehnervenumfang gleichmässig betreffende sein müssen. Wie nun aber dabei eine querovale Papille entstehen soll, bleibt vollständig unverständlich.

• Ueber die Verhältnisse, die eine Rolle spielen bei dem Zustandekommen einer Verziehung der Papille in temporaler Richtung bezw. nach aussen-unten (mit alsdann gewöhnlich auch nach aussen-unten anschliessendem Conus), habe ich mich bereits früher eingehend ausgesprochen (Verhandl. der Naturforscher-Versamml. in Strassburg 1885. S. 500). Eine Zeit lang machte mir nämlich die Erklärung Schwierigkeit, warum bei der Zerrung des Sehnerven, die sich in den Sehnervenkopf fortsetzt, beim Sehen nach unten-innen die erste Veränderung an der Papille nicht etwa, wie man vielleicht a priori erwarten könnte, an deren äusserem oberen Rand, sondern so sehr gewöhnlich am unteren äusseren Rand gefunden wird. Dass der Conus sich an der temporalen Seite bei stärkerer Bewegung des Auges nach innen bildet, hat bei starker Zerrung des temporalen Teils der Sehnervenscheide nichts Auffallendes, ebenso auch nicht ein Conus nach unten, der bei Blickrichtung nach oben (bei Seeleuten nach Paulsen) relativ häufig vorkommen soll. Darnach sollte man denn auch vermuten, dass bei Bewegung des Auges nach unten-innen die entgegengesetzte Partie des Sehnerven am meisten gezerrt werde, und dass sich somit ein Conus nach aussen-oben entwickeln möchte. Wie nun aber lässt sich damit das so sehr häufige Vorkommen der ersten Veränderungen an dem unteren äusseren Papillenrand erklären? Ich habe bei Sektionen, bei denen bei Bewegung des Auges nach unten-innen eine Zerrung an der Optikusinsertion zu sehen war, genau gerade auf die Stelle am äusseren unteren Teil der Sehnerveninsertion geachtet und dabei gefunden, dass gerade diese Stelle, bedingt durch die mediale Insertion des Sehnerven, bei Ausführung der Bewegung eine Drehung nach oben erleidet. Wenn ich nämlich im Zustande der Ruhe auf der Sklera über der Optikusinsertion und oben auf dem Sehnerven nächst hinter dem Bulbus je einen schwarzen Punkt aufgezeichnet hatte, so sah ich sehr deutlich, wie bei Bewegung des Auges nach

unten-innen der Sehnerv in der Weise seine Lagebeziehung zum
Bulbus änderte, dass der untere äussere Teil der Optikusinsertion
nach oben-aussen sich drehte und jetzt die stärkste Zerrung er-
fuhr. Das, was mir anfangs ein Einwurf zu sein schien, wurde somit zu einer Stütze der gemachten Annahme.

Wenn Stilling mit Rücksicht auf das Zustandekommen
der Optikuszerrung dann weiter sagt:

»Wenn ein Körper mit einem anderen in lockerer Verbindung
steht und der eine bewegt wird, so entsteht eine Zerrung an
der Grenze und zwar um so grösser, je kürzer und je stetiger
aufeinanderfolgend die Bewegungen des ersten Körpers sind;
dabei hängt die Zerrung ab von der Stärke der Verbindung, je
stärker die Verbindung, um so schwerer tritt eine Zerrung ein«
so mag das ja richtig sein, nur ist mit der ganzen theoretischen
Betrachtung für die Sache selbst nicht viel gewonnen. Ich habe
Fälle gesehen, in denen Augen viel in der Nähe beschäftigt waren, die Verbindung des Sehnerven mit dem Auge war schwach,
die Bedingungen für eine Zerrung wären nach dem Stilling'-
schen Raisonnement also gegeben gewesen, und gleichwohl waren an der Eintrittsstelle des Sehnerven absolut keine Veränderungen zu sehen, die auf eine Zerrung hindeuteten. Die Sehnerven waren eben ausgiebig lang.

Wenn Stilling behauptet, dass die absolute und relative
Länge des Sehnerven mit der Optikuszerrung absolut gar nichts
zu thun hat, so ist das ganz entschieden unrichtig. Stilling
stützt sich hierbei — abgesehen von seinen Messungen an myopischen Augen, bei denen er gelegentlich einen normal langen
Sehnerven gefunden haben will — darauf, dass durch eine unter
Donders' Leitung ausgeführte Arbeit von Ritzmann nachgewiesen sei, dass die Augenbewegungen beim Lesen durch Kopfdrehungen so unterstützt werden, dass sie nur an etwa 15° be-
tragen, wobei eine Zerrung am Sehnerven, die auf zu kurzer Ab-
rollungsstrecke beruhe, unmöglich sei (l. c. S. 42). Was diesen
Punkt betrifft, so will ich an dieser Stelle nur das eine erwähnen,
dass die Unterstützung der Augenbewegungen durch Kopfdrehungen
beim binokularen Sehen in der Nähe immer nur eine begrenzte sein

kann; und was das Vorkommen von langem Sehnerven bei myopischen Augen betrifft, so zweifle ich durchaus nicht daran; ein derartiger Befund, den ich bis jetzt noch nicht erhalten habe, wird mich durchaus nicht überraschen, er wird mir nur auch wieder ein Beleg dafür sein, dass Myopie und die an dem myopischen Auge gewöhnlich sichtbaren Veränderungen nicht ausschliesslich auf eine und dieselbe Weise entstehen.

Wenn S t i l l i n g den M. obliquus superior in erster Linie für Druck und Zerrung und damit für die Entstehung der Kurzsichtigkeit verantwortlich macht, so ist es doch eine ganz naheliegende Konsequenz, durch Muskeldurchschneidung bezw. durch Tenotomie des Obliquus für das Auge günstigere Verhältnisse zu schaffen und somit der Progression der Myopie Einhalt zu thun. »Die 4 Recti sind Antagonisten der beiden Obliqui; die geraden Muskeln ziehen den Bulbus zurück, die Obliqui vorwärts, das hat bei dem gesunden Auge weiter keinen Zweck, als den Bulbus zu balancieren.« »Wird einer der 4 geraden Muskeln durchschnitten, so tritt der Bulbus etwas hervor, wird einer der Obliqui durchschnitten, so sinkt er tiefer in die Orbita zurück« [1]).

Die Ansicht, dass durch Druck, den die Obliqui auf das Auge ausüben, die Kurzsichtigkeit entsteht, ist bekanntlich durchaus nicht neu. Von ihr ausgehend hat man auch schon vor längerer Zeit den Versuch gemacht, durch Durchschneidungen der Obliqui die Entwicklung der Kurzsichtigkeit aufzuhalten, doch scheinen die Erfolge wenig einladend gewesen zu sein, diese Versuche fortzusetzen.

D e s m a r r e s [2]) geht ausführlich auf diesen Gegenstand ein: »On a essayé, pour guérir la myopie, de la section d'un ou de plusieurs muscles de l'œil; c'est en 1840 que M. Philipps, de Liége, a proposé cette opération, après avoir remarqué que dans quelques cas de strabisme compliqué de myopie, celle-ci disparaissait après la division du grand oblique. Plus tard, M. Bonnet, de Lyon, a eu recours à la même section, dans le même

---

1) R ü t e, Lehrbuch der Ophthalmologie S. 14.

2) L. A. D e s m a r r e s, Traité théorétique et pratique des maladies des yeux. 1847. S. 819 u. ff.

W e i s s. 3

but, mais il l'a pratiquée sur le petit oblique. Il paraîtrait que ce chirurgien a obtenu quelque amélioration dans les neuf cas où il a opéré. Voici comment il procède : On peut, dit-il, se servir, pour la section du muscle petit oblique, de deux ténotomes, l'un pointu et l'autre mousse ; le premier pour piquer la paupière, le second pour glisser sur la paroi inférieure de l'orbite, et faire la section du muscle. Mais quoique j'aie dans le début fait usage, de ces deux instruments, je préfère, aujourd'hui me servir d'un seul ténotome assez pointu pour piquer la paupière, mais dont la pointe est assez arrondie pour ne pas être arrêtée en glissant sur l'orbite. La lame de cet instrument a 4 centimètres de longueur et 3 millimètres de largeur ; elle coupe dans l'étendue de 3 centimètres seulement ; de telle manière que lorsqu'il est enfoncé aussi profondement que possible, sa partie tranchante ne correspond plus à l'ouverture de la peau.

»Le malade est assis, la tête renversée en arrière et appuyée sur la poitrine d'un aide, ou sur le dos d'un fauteuil ; l'opérateur se place à droite du malade, s'il agit sur l'oeil du côté gauche ; il pose l'indicateur de sa main gauche sur le milieu de la paupière inférieure du malade, de manière que son ongle soit placé immédiatement au-dessus du rebord inférieure de l'orbite ; avec ce doigt il repousse en arrière l'oeil et la paupière, et met ainsi en relief le milieu du bord orbitaire inférieure. C'est audevant de cet ongle, et immédiatement en arrière du rebord orbitaire, qu'il plonge le ténotome tenu de la main droite, comme une plume à écrire. Cet instrument est poussé en bas jusqu'à ce qu'il ait rencontré la paroi inférieure de l'orbite ; il est enfoncé ensuite dans cette cavité à une profondeur de 2 à 3 centim., en suivant une direction perpendiculaire à celle du petit oblique. C'est-à-dire oblique d'avant en arrière et de dehors en dedans ; lorsque la pointe, qui ne doit jamais abandonner l'orbite, est arrivée jusque près de l'ethmoïde, l'instrument, qui a été ramené peu à peu à la direction horizontale, est reporté en avant, le tranchant dirigé dans le même sens. Lorsqu'on le sent au-dessus de la peau, et que la pointe aboutit un peu en dehors du sac lacrymal, on doit nécessairement avoir accroché le muscle petit oblique, mais on peut ne pas l'avoir coupé; pour en assurer la section, je tourne la lame, d'abord en bas, puis contre la partie antérieure du maxillaire supérieur, de manière que le muscle, s'il n'est pas encore coupé, soit compris entre l'os et la lame de l'instrument, et qu'en retirant celui-ci on ne puisse manquer d'achever la section, si elle est encore incomplète.

Lorsque j'opère sur le côté droit, je pourrais me placer à gauche du malade et tenir l'instrument de la main gauche; mais comme je préfère me servir de la main droite, je me place à droite et derrière le malade, et j'opère comme sur l'oeil du côté gauche.«

(Bonnet, traité des sections tendineuses et musculaires p. 235.)

»La section de muscles, dans la myopie, est encore aujourd'hui très douteuse quant à ses résultats, et l'on n'y doit recourir qu' avec une extrême réserve. Si l'on choisit la division du petit oblique, il serait plus facile, à l'exemple de Dieffenbach, d'inciser la conjonctive et son fascie vers la partie inférieure de l'oeil, de soulever le muscle sur un crochet et de le couper avec les ciseaux, comme cela se pratique dans l'operation du strabisme.«

Dans la myopie, Mr. J. Guérin divise de préférence les muscles droits, au nombre de deux ou d'avantage; selon lui, la vue basse serait le résultat de la contraction au du raccourcissement de ces organes [1]).

Was die andere Arbeit betrifft, so hat Schneller eine Reihe von wichtigen Beobachtungen mitgeteilt, aus denen hervorgeht, dass der Nahepunkt bei Konvergenz dem Auge merklich näher liegt als beim Blick gerade aus, und noch viel näher beim Blick nach unten-innen. Je nach Alter und Refraktionszustand ist der Akkommodationszuwachs verschieden, im Allgemeinen so, dass er mit steigendem Alter abnimmt und bei myopischen Augen am grössten ist [2]), was »mit anatomischen Veränderungen, welche das Auge bei dem Kurzsichtigen erleidet, in wesentlichem Zusammenhang steht« (S. 310).

---

1) Vergl. auch Chelius (Handbuch der Augenheilkunde 1843. S. 381 u. 384), woselbst die als Radikalbehandlung der Kurzsichtigkeit vorgeschlagenen Muskeldurchschneidungen besprochen werden.

2) l. c. vgl. Tabelle S. 306.

Da auch am atropinisierten und am aphakischen Auge eine
Aenderung der Einstellung beim Blick nach unten-innen »sich
nachweisen lässt«, so liegt hierin der Beweis, dass der Vorgang
mit einer Linsenveränderung nichts zu thun hat. Er ist vielmehr
auf eine geringe Achsenverlängerung zu beziehen, »die durch
Muskeldruck bei Konvergenz und Abwärtssehen entsteht«. Die
Grösse der Verlängerung ist abhängig von der Nachgiebigkeit
der hinteren Wand. Diese Verlängerung »verringert sich in der
Ruhezeit des Auges wieder, die kleinen Reste aber, die zurück-
bleiben, müssen sich allmählich zu einer merkbaren Summe zu-
sammenfügen, damit man sie als Achsenmyopie anerkennt« (S. 304).
Die Nachgiebigkeit der hinteren Wand selbst wieder ist »zu einem
Teil durch die normal anatomischen Einrichtungen des Auges
bedingt, dadurch, dass die hinteren Partien der Sklera nicht von
Muskelfasern und auch nicht von der Tenon'schen Kapsel gestützt
sind, und dass sie durchbohrt werden von den Ciliarnerven und
-Arterien und einigen kleinen Venen, wodurch ihr Gewebe weniger
fest, gelockert sein muss« (S. 334). Hyperämie, mangelhafte
Ernährung der Sklera und Entzündung vermehren die Nachgiebigkeit. In Betracht kommt ferner die Verdünnung der hinteren
Partie der Sklera durch die Achsenmyopie selbst«. Dass zur Entstehung der Kurzsichtigkeit die Jugend disponiert und dass nach
einem gewissen Alter keine neue Myopie mehr entsteht, ist ein
alter Erfahrungssatz, den S ch n e l l e r bei jenen Untersuchungen
bestätigt fand (S. 338). Es ist das Wachstum des Auges (A r l t),
die grössere Fülle dünnwandiger Gefässe, die grössere Weichheit
der Sklera, welche die Möglichkeit der Achsenverlängerung in der
Jugend bedingen (S. 339).

Im Anschluss an die eben skizzierten Anschauungen S c h n e l-
l e r's, speziell mit Rücksicht auf den die Nachgiebigkeit der hinteren Wand betreffenden Punkt, will ich hier nur das anfügen,
dass ich bei meinen Untersuchungen wiederholt speziell darauf
geachtet habe, wie sich die Gegend des hinteren Pols beim Blick
nach unten-innen den angespannten Augenmuskeln gegenüber ver-
hält, und dass ich hierbei gefunden habe, dass gerade dieser
Teil alsdann unbedeckt ist, während bei reiner Konvergenzbe-

wegung der passiv gespannte Rectus externus die Bulbuswandung von hinten stützt.

Sind die Angaben S c h n e l l e r's richtig, giebt es wirklich ausser einer inneren Akkommodation (in Folge veränderter Linsenkrümmung) am jugendlichen Auge mit dehnbarerer Sklera auch noch eine — wenn auch nur geringe — äussere Akkommodation durch Hinausrücken der hinteren Bulbuswandung, so wäre das ein überaus wichtiges Faktum. Bei Durchsicht der S c h n e l l e r'schen Arbeit kann man sich aber des Bedenkens nicht entschlagen, ob die von diesem Autor angestellten diesbezüglichen Untersuchungen auch mit derjenigen Genauigkeit vorgenommen worden sind, die bei solchen Untersuchungen, bei denen es sich nur um geringe Differenzen in der Einstellung handelt, unbedingt notwendig ist. Insbesondere sind es bei S c h n e l l e r's Untersuchungen zwei Dinge, die von vornherein beanstandet werden müssen, erstens hat er bei seinen Akkommodationsprüfungen stets nur Leseproben verwendet, die bei grosser Annäherung an das Auge für wissenschaftliche Untersuchungen nicht als geeignete Probeobjekte angesehen werden können, und zweitens ist nirgends bemerkt, dass dafür Sorge getragen wurde, dass das Korrektionsglas stets in ganz genau bestimmtem Abstand vor dem Auge sich befand. Wie bekannt ist aber gerade bei Korrektion von aphakischen Augen, auf deren Untersuchung S c h n e l l e r so viel Wert legt, die Stelle des Korrektionsglases überaus wichtig [1]).

Wenn S c h n e l l e r (l. c. S. 326) die Meinung ausspricht, dass der Optikuszerrung jedenfalls nur ein sekundärer Einfluss auf die Entwicklung der Myopie zugestanden werden könne, wobei er ihr aber, wie aus anderen Stellen hervorgeht, doch auch wieder eine gewisse primäre Bedeutung einräumt [2]), so stützt sich seine

---

[1]) Von ähnlichen Betrachtungen ausgehend, hat neuerdings S a t t l e r (Ophthalmologen-Kongress zu Heidelberg 1887) mit Hilfe eines Schienenapparates, ähnlich demjenigen, den Optiker J u n g in Heidelberg konstruiert hat, die S c h n e l l e r'schen Untersuchungen einer Prüfung unterzogen, wobei er zu ganz abweichenden Resultaten gekommen sein will. (Anmerkung während des Drucks.)

[2]) »Wir können also die Verlängerung des Sehnerven beim Nahesehen und die dadurch bedingte Zerrung an Bulbusteilen nur zu einem Teil dazu verwenden, um

Meinung hierbei zumeist wohl auf seine Berechnungen, nach welchen es den Anschein haben könnte, dass selbst bei ausgiebiger Bewegung keine Zerrung am Optikus auftreten kann, weil das zum Ausgleich benötigte Abrollungsstück verhältnismässig nur klein sei. Dem gegenüber muss ich mich in erster Linie auf die direkte positive Beobachtung berufen und hervorheben, dass man entgegen allen theoretischen Erwägungen Zerrung an der Eintrittsstelle beobachtet, und dass man da, wo sie beobachtet wird, diejenigen anatomischen Veränderungen an der Papille findet, welche auf Zerrung zu beziehen sind.

Gegen die Richtigkeit der Berechnungen S c h n e l l e r's lässt sich nichts einwenden, wohl aber gegen die abgeleiteten Schlussfolgerungen, denn die Voraussetzungen, von denen sie ausgehen, sind unrichtig.

Ich lege meinen Untersuchungen durchaus nicht mehr Bedeutung bei, als sie es beanspruchen dürfen. Ich bin mir dessen wohl bewusst, dass die bei Sektionen erhaltenen Befunde bezüglich des direkten Abstandes vom Foramen opticum bis zur Insertion am Bulbus, sowie bezüglich der Grösse des Abrollungs-

das Auseinanderweichen der Sklerallagen am Sehnerven und deren *Folgen in Bezug auf die Nachgiebigkeit der Gegend des Schnervveneintritts*, also die Entstehung des hinteren Staphyloms zu verwerten Vielleicht kann die Zerrung am Sehnerven, wenn er kurz und straff ist, ein Hindernis für die leichte Beweglichkeit des Bulbus durch die Muskeln bilden. Die Ueberwindung eines solchen Hindernisses würde eine stärkere Zusammenziehung der Muskeln und einen stärkeren Druck derselben auf den Bulbus hervorrufen und auf diesem Umwege zur Verlängerung der Augenachse beitragen können.« Ferner S. 334: Es scheint »theoretisch« [doch wohl auch nach der Beobachtung. Vf.] wahrscheinlich, dass die Sehnervenzerrung beim Nahesehen zur Entstehung der die Myopie begleitenden Veränderungen um den Sehnerven beiträgt.« Ferner S. 354, wo es heisst: »Zu einem Teil wird vielleicht die Form der Orbita in Betracht kommen. Wo wir einseitige Kurzsichtigkeit finden, ist nicht selten die Stirn auf der Seite des kurzsichtigen Auges stärker gewölbt, also die Orbita tiefer. Man könnte daraus Rückschlüsse machen auf .... vielleicht auch auf unzureichende Länge der Sehnerven.« Und S. 331 u. 332: »Wenn die S-förmige Krümmung der Sehnerven nicht ausreicht, um die, wie wir sahen, nicht erhebliche Verlängerung zu decken, so werden die Sehnerven an der Sklera, an der sie hängen, zerren, und die Zerrungen können zum Teil einen Anteil haben an der von J ä g e r zuerst beschriebenen Spaltung der Sklera am Sehnerveneintritt in ihre zwei Lagen, besonders da dieselbe an der temporalen Seite etwas stärker hervortritt als an der medialen, der stärkeren Dehnung der temporalen Seite des Sehnerven entsprechend.«

stücks nur einen relativen Wert haben. Sie entsprechen — worauf auch von Henle (Handb. d. Eingeweidel. 1886. S. 583) aufmerksam gemacht worden ist — sicherlich nicht dem wirklichen Verhalten intra vitam. Eine bekannte Leichenerscheinung ist ja eben das Einsinken des Auges, der Bulbus wird weich, der Orbitalinhalt wird blutleer. Dies bedingt, dass man die vordere Insertion des Sehnerven nicht an ihrem wirklichen Ort findet, und dass die Krümmung des Sehnerven für grösser imponiert, als sie es am Lebenden wirklich ist.

Wenn man gegen meine Untersuchungen etwa den Einwand erheben will: ja die Bewegungen nach unten innen, bei denen Zerrung am Optikus auftrat, waren grösser, als sie beim Sehen in der Nähe je vorkommen — was auch für manche Fälle richtig sein mag — so muss ich dem gegenüber betonen: die Verhältnisse der Orbita sind intra vitam auch ganz andere, und zwar in dem Sinn andere, dass sie das Auftreten einer Zerrung zweifelsohne begünstigen, denn die Insertionsstelle am Bulbus liegt mehr nach vorn und die Verwendbarkeit des kleineren Abrollungsstücks ist durch das in Folge stärkeren Blutreichtums straffere Orbitalgewebe eine beschränktere. Wenn man an eine bei gewissen Augenbewegungen stattfindende Optikuszerrung denkt, so darf man sich die Sache eben nicht so vorstellen, als ob eine Zerrung überhaupt nur dann stattfinden könne, wenn das ganze gegebene Abrollungsstück aufgebraucht ist. Der Sehnerv ist eben in seinem Verlaufe durch die Orbita nicht etwa einem Gummistreif vergleichbar, der ausgestattet mit vollkommenster Elastizität durch einen Hohlraum geht; der Sehnerv hat seine eigene nicht geringe Festigkeit und das Bestreben, in der ihm gegebenen Krümmung zu verharren. Er ist eingelagert in ein Gewebe, das einer intendierten Ausgleichung seiner Krümmung einen Widerstand entgegensetzt.

Ich selbst lege den Befunden meiner Untersuchungen nur einen relativen Wert bei, halte mich aber jedenfalls für berechtigt, da, wo ich bei bestimmten Augenbewegungen Zerrung am Optikus auftreten sehe und an der Papille dann bestimmte Veränderungen finde, die auf eine Zerrung hinweisen, einen Zusammenhang zwischen Beidem anzunehmen. Ich finde diese Veränderungen dann nicht, wenn bei Bewegungen des Auges am Optikus keine Zerrung zu beobachten war.

Wenn S c h n e l l e r S. 332 sagt, dass die Annahme, die innere Sehnervenscheide sei bei weitem nachgiebiger als die äussere, damit übereinstimmt, »dass die innere Scheide des Sehnerven und dieser selbst in der äusseren Sehnervenscheide ziemlich frei beweglich sind, und dass deshalb zur Ausgleichung der bei Konvergenz erforderten Verlängerung des Sehnerven *nicht nur dessen orbitaler* Teil mit der Sförmigen Krümmung, *sondern auch der an der Schädelbasis in der Schädelhöhle liegende* Teil desselben *verwertet* werden kann«, wodurch es »unwahrscheinlich werde, dass der Sehnerv an Chorioidea und Netzhaut bei Konvergenzstellung einen erheblichen und besonders einen einseitigen Zug üben« könne; wenn er ferner sagt, das werde noch unwahr-·scheinlicher »durch die thatsächlich bestehenden anatomischen Verhältnisse; zöge der Sehnerv *wirklich an der Chorioidea,* so würde er die temporale Seite mehr, die mediale weniger *in das Loch.* durch welches der Sehnerv ins Auge tritt, hineinziehen müssen«; statt dessen sei »die Chorioidea temporalwärts vom Sehnerven ab eher ins Innere des Auges hineingezogen«, — so liegen dem Gesagten offenbar ganz unrichtige Vorstellungen zu Grunde. Erstens ist zu bemerken, dass es absolut unmöglich ist — und das zum Glück [1]) —, dass das innerhalb der Schädelhöhle gelegene Optikusstück bei der bei Konvergenz stattfindenden Streckung des Sehnerven mit herangezogen werden kann, denn Sehnerv und Sehnervenscheiden sind bekanntlich im Foramen opticum fest mit einander und mit der Wandung des Kanals verwachsen [2]). Ge-

---

[1]) Sonst würde sich die Zugwirkung eventuell bis ins Gehirn fortsetzen.

[2]) »Nur im Canalis opticus ist auf der oberen Seite die äussere Scheide (hier zugleich Periostauskleidung des Kanals) fest mit der inneren Scheide und der Wand des Knochenkanals verwachsen, so dass an dieser Stelle der Sehnerv fixiert ist, während er in der Orbita innerhalb seiner Vagina fibrosa in geringem Grade sich verschieben lässt. Auf der unteren Seite ist auch innerhalb des Canalis opticus eine nur lockere Verschiebung beider Scheiden vorhanden.« S c h w a l b e, Mikroskopische Anatomie im Handbuch von Gräfe-Sämisch I, 1. S. 329.

rade durch diese Verwachsung wird verhütet, dass eine etwa auftretende Zerrung sich nicht rückwärts fortsetzt [1]).

Und was den zweiten Punkt, die Zerrung an der Chorioidea betrifft, so ist es ja nicht der Sehnerv, der aktiv zieht; der Sehnerv wird gezogen, er wird gezerrt [1]). Der Rectus internus wird (bleiben wir der Einfachheit der Verhältnisse wegen bei reiner Konvergenzbewegung) kontrahiert, und in Folge dieser Kontraktion wird der Bulbus nach einwärts gestellt. Dieser Bewegung stellen sich aber mechanische Hindernisse entgegen, einmal von Seiten der Antagonisten und der mit den Muskeln in mehr oder weniger fester Verbindung stehenden Fascien, dann auch von Seiten des Sehnerven, der dabei mehr oder weniger stark angespannt werden kann. Die an der Eintrittsstelle des Sehnerven eventuell auftretende Zerrung ist somit in letzter Instanz auf die Kraft des sich kontrahierenden Rectus internus zurückzuführen, von dessen Insertion aus sich ein Zug über die Hornhaut auf die äussere Seite des Bulbus herüber fortsetzt.

Wenn im Allgemeinen der Einfachheit halber von »Sehnervenzerrung« die Rede ist, so ist es allerdings richtig, dass man dabei unterscheiden muss, ob die Zerrung hauptsächlich bezw. allein die äussere Optikusscheide betrifft, oder ob der Optikus (mit innerer Scheide) gezerrt [2]) wird oder ob beide gezerrt werden. Bei Beurteilung der Zerrungserscheinungen ist dies sehr wohl zu beachten.

---

1) Die Nervendehnung des Optikus ist ja auch nur durch diese anatomische Vorrichtung möglich.

2) Wenn von »Zerrung des Optikus« die Rede ist, so ist dies natürlich nicht streng wörtlich zu nehmen; zu einer eigentlichen Zerrung des Sehnerven dürfte es wohl nie kommen, es wäre daher wohl richtiger, von einer Spannung des Sehnerven bezw. seiner Scheiden zu sprechen, die, wenn sie häufig wiederholt auftritt, bei dem jugendlichen Auge während dessen Wachstum auf die Entwicklung von gewissen Gewebsveränderungen von Einfluss sein dürfte.

III.

Mitteilung eigener Untersuchungen und daran sich anschliessende Betrachtungen.

Indem ich zur Mitteilung der Befunde meiner Untersuchungen übergehe, erübrigt mir nur noch, mit einigen Worten auf die Art und Weise einzugehen, in welcher diese vorgenommen wurden. Da mir das Material eines anatomischen bezw. eines pathologisch-anatomischen Instituts nicht zur Verfügung stand, so wird damit verständlich, dass es keine kleine Aufgabe war, das nötige anatomische Material zu beschaffen. Bei den meisten Sektionen, die ich vornahm, war es mir möglich, den hinteren Bulbusabschnitt mit der Eintrittsstelle des Sehnerven zu excidieren; in nicht wenigen Fällen konnte ich, wie dies aus den folgenden Mitteilungen ersichtlich ist, den ganzen Bulbus herausnehmen und untersuchen. Gerade die Untersuchung der ganzen Bulbi erschien mir wichtig, ganz abgesehen davon, dass die mikroskopischen Präparate, die man von ganzen Bulbis gewinnt, meist besser sind als die, welche man vom gehärteten und meist geschrumpften hinteren Abschnitt erhält. Sieben der enukleierten Bulbi stammen von Personen, bei welchen zu Lebzeiten eine genaue Augenspiegeluntersuchung vorgenommen und die Refraktion genau bestimmt werden konnte. Ueber den Befund der mikroskopischen Untersuchung dieser letzteren wird später ausführlich berichtet werden.

Was die Ausführung der Untersuchungen selbst betrifft, so habe ich darüber schon früher kurz Mitteilung gemacht [1]). Das Orbitaldach wurde abgemeisselt, der Sehnerv schonend blossgelegt, die Krümmung notiert, der Abstand des vorderen Endes des Canal. optic. bis zur Bulbusinsertion, sowie die Länge des leicht gestreckten Sehnerven gemessen und dann beobachtet, ob resp. in welchem Grade an der Insertionsstelle des Sehnerven eine Zerrung

---

1) Tageblatt der Naturforscher-Versamml. in Strassburg 1885. S. 499.

auftrat, wenn der Bulbus unten-innen mit der Fixationspincette gefasst und dann — ohne dass er seine Lage hierbei änderte — nach unten-innen rotiert wurde. Hierbei bedürfen einzelne Punkte noch besonderer Erwähnung. Als vorderes Ende des Canalis opticus wurde der Anfang der Verwachsungsstelle der äusseren Scheide mit der oberen Wand des Canal. opticus angenommen. Das ist die Stelle, an welcher das die Orbitalwand auskleidende Blatt abgeht; war diese Stelle bestimmt, so wurde sie durch eine feine scharfe Nadel, die hier eingesteckt wurde, markiert, ebenso wurde eine zweite derartige Nadel oben an der Eintrittsstelle des Sehnerven oberflächlich eingestochen. Es schien mir dies um deswillen nötig, weil man sonst, wenn man mit dem Zirkel das einemal in situ den Abstand dieser beiden Punkte misst und das anderemal bei leicht gestrecktem Nerven, leicht Messungsfehler bekommen kann, indem man die Spitzen des Zirkels bei der zweiten Messung eben nicht genau an dieselbe Stelle setzt wie bei der ersten. Wenn dann gesagt ist, dass die zweite Messung »bei leicht gestrecktem Sehnerven« geschieht, so kann man hierzu wohl mit Recht bemerken — wie dies auch schon geschehen ist — dass die »leichte Streckung« ein etwas dehnbarer Begriff ist, indem der Eine unter leichter Streckung etwas versteht, das einem Anderen schon unter die Rubrik der Zerrung fällt. Ich gebe die hier bestehende Schwierigkeit im Allgemeinen gern zu. Die Hauptsache aber ist, dass in jedem einzelnen Fall der Sehnerv *in gleichmässiger Weise* gestreckt wird, und hierin erwirbt derjenige, der viele derartige Untersuchungen macht, eine gewisse Fertigkeit. Nur darf nicht Jeder, der an solche Untersuchungen herantritt, glauben, er bringe alle nötigen Fertigkeiten auch schon gleich mit. Die Befunde meiner ersten Untersuchungen — und zwar einer ganz stattlichen Zahl — habe ich bei den unten folgenden Zusammenstellungen aus dem Grunde weggelassen, weil ich nur solche Befunde verwenden wollte, von deren Genauigkeit — so weit dies nach der angewandten Messungsmethode möglich ist — ich selbst überzeugt bin.

Ein weiterer Punkt betrifft die Ausführung der Augenbewegungen, insbesondere die bei der Nahearbeit ganz besonders in Betracht kommende Bewegung nach unten-innen. Ich fixierte, wie gesagt, den Bulbus unten-innen mit einer Pincette und rotierte dann nach unten-innen, wobei ich darauf achtete, dass der Ort des Bulbus während dessen sich nicht änderte, was durch eine hinter den Bulbus gespreizt aufgestellte Pincette bewirkt wurde, die das sonst leicht stattfindende Zurückweichen des Bulbus verhütete. Dabei achtete ich darauf, ob resp. in welchem Grade alsdann an der Eintrittsstelle des Sehnerven eine Zerrung zu bemerken war, wobei ich einstweilen von der Wirkung der einzelnen dabei beteiligten Augenmuskeln absah und nur auf den Effekt der bestimmten Bewegung achtete, was mir mit Rücksicht auf das nächste Ziel, das meine Untersuchungen verfolgten, ganz richtig schien. Dass daneben in vielen Fällen, besonders bei den Untersuchungen aus letzter Zeit, auch auf das Verhalten bestimmter einzelner Muskel geachtet wurde, ist aus den Zusammenstellungen ersichtlich. Wenn Stilling [1]) bei seinen Untersuchungen die einzelnen Muskel mit einer Pincette ganz leicht kontrahiert, und dabei meint, dass er dann bei Augenbewegung über die Wirkung der einzelnen Muskel exakteren Aufschluss erhalte, so ist das doch auch nur in sehr beschränktem Maass richtig, denn ganz abgesehen davon, dass die Augenmuskel an einem schlaffen mehr oder weniger kollabierten Bulbus angreifen, es fehlt eben dann doch das, was die Augenbewegungen so eigenartig macht, das ist das Balancement, das durch die Anspannung sämtlicher Augenmuskel zu Stande kommt (wobei die 4 Recti den Bulbus nach hinten und die Obliqui nach vorn ziehen), durch welches Verhalten die grösstmögliche Leichtigkeit der Bewegung bedingt ist. Einen dem ähnlichen Zustand aber künstlich herzustellen, dürfte seine Schwierigkeiten haben.

Zur Zeit, als ich meine Untersuchungen anfieng, giengen die Ansichten der Augenärzte über das Verhalten des Optikus in der Orbita sehr auseinander. v. Hasner [2]), welcher im Jahre 1874 die Ansicht aussprach, dass die bei Bewegungen des Auges bei

---

1) l. c. S. 15.

2) Prager Vierteljahrschrift Bd. I. 31. Jahrg. S. 50 »Ueber die Aetiologie des Langbaus«.

relativer Kürze des Sehnerven auftretende Zerrung desselben zur
Ektasierung des hinteren Pols und damit zur Kurzsichtigkeit führe,
nahm bei seinen Betrachtungen als normale Länge des Sehnerven
vom Foramen opticum bis zum Bulbus 30 mm an. Da der Abstand des Foramen optic. von der Insertion in den Bulbus im
Mittel c. 26 mm betrage, werde eine volle Streckung des Nerven
erst bei einer Winkelexkursion von beiläufig 40° stattfinden können, vorausgesetzt, dass die seitlichen Exkursionen des Optikus
keinen Widerstand durch die Bindegewebe- und Gefässverbin-
dungen erfahren. Ist dies letztere nicht der Fall oder ist der
Nerv absolut oder relativ kürzer, so können bereits viel kleinere
Winkelexkursionen eine Zerrung des Optikus bedingen. Auch
nach Emmert [1]) soll es die Zerrung an der Eintrittsstelle des
Sehnerven sein, welche, indem sie sich auf den Sehnervenkopf
fortsetzt, den Conus an der Papille bedingt und das Auge kurzsichtig macht. Nach ihm ist die Zerrung am Sehnerven durch
die starke elastische Spannung des Rectus externus bedingt, in
welche dieser bei der Konvergenz gerät. Ueber die Hasner'-
sche Theorie geht er kurz weg, »weil es noch des anatomischen Nachweises bedürfe, dass in der That solche erhebliche
Differenzen in der Länge des Optikus vorkommen«. Paulsen [2]),
welcher wieder den Hasner'schen Anschauungen näher kommt,
vermisst mit Recht an den Emmert'schen Auseinandersetzungen,
dass Emmert so wenig Rücksicht auf Länge- und Krümmungs-
verhältnisse des Sehnerven genommen habe. Da auch die Angaben der meisten Handbücher der Anatomie und Augenheilkunde über die in Rede stehenden Verhältnisse nur wenig ausführlich sind, so unternahm ich, um mir Aufschluss zu verschaffen,
eigene Untersuchungen.

Der erste Punkt, auf den diese gerichtet waren, war:
Ist die Länge des Optikus bei verschiedenen Individuen überhaupt sehr verschieden oder hat er gewöhnlich annähernd die
gleiche Länge? Verläuft er mehr gestreckt oder gekrümmt
und wie ist im letzteren Fall die Krümmung?

1) Auge und Schädel. 1880.
2) Arch. f. Ophthalmol. Jahrg. 1882.

In zweiter Linie legte ich mir dann die weitere Frage vor:
Ist der Sehnerv wirklich verschieden lang und verschieden ge-
krümmt, tritt dann bei geringer Krümmung, d. i. bei kleinem
Abrollungsstück, wirklich Zerrung am Optikus auf, wenn das
Auge nach unten-innen bewegt wird?

In nachstehender Zusammenstellung sind die Resultate der
diesbezüglichen Untersuchungen enthalten.

Fortlaufende Nro. 1.	Namen, Alter und Beruf. 2.	Krankheit und Datum der Sektion. Körperlänge und Schulterbreite. 3.	Abstand vom vorderen Ende des Canal. opticus bis zur Insertion des Sehnerven am Bulbus. 4.	Länge des leicht gestreckten Sehnerven vom For. opticum bis zum Bulbus. 5.	Differenz zwischen direktem Abstand vom Canal. opticus zum Bulbus und Länge des leicht gestreckt.Sehnerven. 6
1.	F., Franz, 19 J. Gypser von M.	Tubercul. pulmon. 5. 1. 85. L. 1,90. Br. 0,40.	*Rechts:* 16 *Links:* —	23 —	7 —
2.	F., Hermann, 33 J. Zimmermann von D.	Tubercul. pulmon. 5. 1. 85. L. 1,70. Br. 0,40.	*Rechts:* 20¹⁄₂ *Links:* —	25 —	4¹⁄₂ —
3.	H., Johann, 54 J. Cigarrenarbeiter von J.	Phthisis pulmon. 25. 1. 85. L. 1,70. Br. 0,35.	*Rechts:* 17 *Links:* 19	24 23	7 4
4.	M., Joseph, 49 J. Kellner von M.	Bronchopneumon. 31. 1. 85. L. 1,70. Br. 0,45.	*Rechts:* 20 *Links:* 21	26 25	6 4
5.	S., Johann, 42 J. Bahnarbeiter von Sch.	Pneumonie. 8. 2. 25. L. 1,68. Br. 0,45.	*Rechts:* 20 *Links:* 19	24 25	4 6
6.	J., Franz, 33 J. Schuhmacher von W.	Tubercul pulmon. 13. 2. 85. L. 1,70. Br. 0,40.	*Rechts:* 23 *Links:* 22	27 25	4 3
7.	F., Friedrich, 34 J. Schneider von K.	Tubercul. pulmon. 17. 2. 85. L. 1,68. Br. 0,35.	*Rechts:* 17 *Links:* 18	24 23	7 5

1.	2.	3.	4.	5.	6.
8.	H., Joseph, 21 J. Schriftsetzer von N.	Gelenk- rheumatismus. 20. 2. 85. L. 1,80. Br. 0,40.	*Rechts:* 20 *Links:* 19	23 25	3 6
9.	D., Jakob, 53 J. Kohlenträger von M.	Tubercul. pulmon. 23. 3. 85. L. 1,80. Br. 0,36.	*Rechts:* 19 *Links:* 20	24 25	5 5
10.	E., Susanna, 20 J. Kleidermacherin von Gr.	Blutvergiftung. 24 2. 85. L. 1,64. Br. 0,30.	*Rechts:* 18 *Links:* 19	22 23	4 4
11.	K., Frau, 45 J. von H.	Tubercul. pulmon. 26. 2. 85. L. 1,72. Br. 0,42.	*Rechts:* 17 *Links:* 18	23 22	6 4
12.	K., Emma, 25 J. von St.	Tubercul. pulmon. 3. 3. 85. L. 1,80. Br. 0,34.	*Rechts:* 19 *Links:* 17	23 22	4 5
13.	B., Gottfried, 49 J. von I.	Lungenemphysem und Herzhypertrophie. 1. 3. 85. L. 1,70. Br. 0,45.	*Rechts:* 17 *Links:* 20	22 24	5 4
14.	K., Jakob, 28 J. Lumpensammler von R.	Phthisis pulmon. 11. 3. 85. L. 1,68. Br. 0,40.	*Rechts:* 17 *Links:* 16½	— 21	— 4½
15.	S., Rosine, 68 J. von Gr.	Magenkrebs. 28. 3. 85. L. 1,65. Br. 0,35.	*Rechts:* 16 *Links:* 18	21 22	5 4
16.	S., Karl, 54 J. Schneider von H.	Phthisis pulmon. 30. 3. 85. L. 1,90. Br. 0,40.	*Rechts:* 20 *Links:*	26 —	6 —
17.	B., Margarethe, 35 J. von M.	Tubercul. pulmon. 5. 4. 85. L. 1,80. Br. 0,40.	*Rechts:* 17 *Links:* 17	21 20	4 3
18.	F., Elise, 20 J. Kellnerin von O.	Tubercul. pulmon. 1. 4. 85. L. 1,62. Br. 0,35.	*Rechts:* 19 *Links:* 18	27 25	8 7

1.	2.	3.	4	5.	6.
19.	N., Johanna, 58 J. von M.	Schwerer Icterus. 7. 4. 85. L. 1,64. Br. 0,30.	*Rechts:* 16 *Links:* 15	20 21	4 6
20.	M., Karoline, 30 J. von M.	Tubercul. pulmon. 9. 4. 85. L. 1,70. Br. 0,35.	*Rechts:* 18 *Links:* 18	22 22	4 4
21.	E., Elisabeth, 21 J. von R.	Tubercul. pulmon. 12. 4. 85. L. 1,86. Br. 0,40.	*Rechts:* 17 *Links:* 16	25 22	8 6
22.	R., Luise, 28 J. von Rh.	Tubercul. pulmon. 18. 4. 85. L. 1,68. Br. 0,30.	*Rechts:* 15 *Links:* 16	21 21	6 5
23.	B., Walburga, 71 J. Pfründnerin von M.	Altersschwäche. 21. 4. 85. L. 1,65. Br. 0,40.	*Rechts:* 19 *Links:* 21	26 27	7 6
24.	D., Anna Maria, 73 J. Pfründnerin von M.	Tubercul. pulmon. 22. 4. 85. L. 1,68. Br. 0,30.	*Rechts:* 18 *Links:* 16	23 21	5 5
25.	K., Karl, 32 J. von M.	Tubercul. pulmon. 28. 4. 85. L. 1,90. Br. 0,35.	*Rechts:* 16 *Links:* 19	22 24	6 5
26.	L., Karl, 29 J. Ausläufer von O.	Herzhypertrophie, Nephritis. 29. 4. 85. L. 1,70. Br. 0,40.	*Rechts:* 18 *Links:* 16	22 21	4 5
27.	K., Johann, 21 J. von A.	Tubercul. pulmon. 25. 4. 85. L. 1,70. Br. 0,35.	*Rechts:* 19 *Links:* 17	22 21	3 4
28.	M. Aloys, 71 J Taglöhner von N.	Emphysem, Herzhypertrophie, Pneumonie. 1. 5. 85. L. 1,80. Br. 0,40.	*Rechts:* 22 *Links:* 20	27 27	5 7
29.	K., Anna Maria, 28 J. von M.	Puerperalfieber. 4. 5. 85. L. Br.	*Rechts:* 18 *Links:* 17	25 26	7 9

49

1.	2.	3.	4.	5.	6.
30.	E., Walburga, 39 J. von B.	Tubercul. pulmon. 9. 5. 85. L. 1,68. Br. 0,35.	*Rechts:* 18 *Links:* 17	22 23	4 6
31.	S., Georg, 19 J. Postgehülfe von S.	Typhus pneumon. 23. 5. 85. L. 1,80. Br. 0,34.	*Rechts:* 17 *Links:* 18	22 26	5 8
32.	F., Carl Friedr., 22 J. Commis von W.	Typhus. 23. 5. 85. L. 1,90. Br. 0,35.	*Rechts:* 17 *Links:* 17	21 21	4 4
33.	E., Ludwig, 34 J. Maurer von Kl. E.	Rechtsseit. Läh-mung, Abscesse a. r. Oberschenkel. 23. 5. 85. L. 1,75. Br. 0,40.	*Rechts:* 22 *Links:* 20	28 26	6 6
34.	M., Philipp, 47 J. ohne Gewerbe von B.	Ulcus ventric. 23. 5. 85. L. 1,68. Br. 0,35.	*Rechts:* 21 *Links:* 19	75 23	4 4
35.	S., Georg, 43 J. Taglöhner von B.	Tubercul. pulmon. 27. 5. 85. L. 1,70. Br. 0,34.	*Rechts:* 16 *Links:* 20	25 26	9 6
36.	M., Luise, 39 J. von L.	Pneumonie. 29. 5. 85. L. 1,65. Br. 0,34.	*Rechts:* 19 *Links:* 20	27 28	8 8
37.	K., Friedrich, 35 J. Cementmüller von E.	Delirium trem., Pneumonie. 30. 5. 85. L. 1,64. Br. 0,45.	*Rechts:* 21 *Links:* 20	26½ 24	5½ 4
38.	S., Christine, 18 J. von B.	Phthisis pulmon. 13. 6. 85. L Br.	*Rechts:* 19 *Links:* 19½	24 24½	5 5
39.	K., Therese, 19 J. von W.	Phthisis, früher Syphilis. 21. 6. 85. L. Br.	*Rechts:* 20 *Links:* 20	25 24	5 4
40.	H., Heinrich, 43 J. von M.	Pneumonie. 24. 6. 85. L. 1,70. Br. 0,44.	*Rechts:* 20½ *Links:* 23	26 30	5½ 7

Weiss. 4

Wie aus dieser Zusammenstellung ersichtlich ist, wird der direkte Abstand vom Foramen optic. zum Bulbus, die Länge des Sehnerven und die Krümmung desselben sehr verschieden gefunden, nicht selten sogar verschieden bei demselben Individuum auf beiden Seiten. Der anatomische Nachweis, dass erhebliche Differenzen in der Länge und Krümmung des Sehnerven wirklich auch vorkommen, den Emmert vermisst, ist somit erbracht.

I.	II.	III.
Der direkte Abstand vom Foramen optic. bis zum Bulbus betrug in Mm:	Die Länge des leicht gestreckten Sehnerven betrug in Mm:	Somit war das Abrollungsstück gross in Mm:

im Gesamtmittel:

18,5	23,8	5,3
Max. 23,0	Max. 30,0	Max. 9,0
Min. 15,0	Min. 20,0	Min. 3,0

Rechts besonders berechnet:

18,47	23,88	5,41
Max. 23,0	Max. 28,0	Max. 9,0
Min. 15,0	Min. 20,0	Min. 3,0

Links besonders berechnet:

18,54	23,74	5,2
Max. 23,0	Max. 30,0	Max. 9,0
Min. 15,0	Min. 20,0	Min. 3,0

bei Männern:

Rechts: 18,96		*Rechts:* 24,3		*Rechts:* 5,34	
Max. 23,0	19,60	Max. 27,0	24,27		5,2
Min. 16,0		Min. 21,0			
Links: 19,2		*Links:* 24,25		*Links:* 5,1	
Max. 23,0		Max. 27,0			
Min. 16,0		Min. 21,0			

bei Frauen:

Rechts: 17,82		*Rechts:* 23,35		*Rechts:* 5,53	
Max. 20,0	17,81	Max. 27,0	23,19		5,38
Min. 15,0		Min. 21,0			
Links: 17,8		*Links:* 23,0		*Links:* 5,23	
Max. 21,0		Max. 27,0			
Min. 15,0		Min. 20,0			

Wie aus diesen Zusammenstellungen ersichtlich ist, werden
für rechts und links im Mittel nahezu die gleichen Maasse gefunden, dagegen enthält die Tabelle für Frauen kleinere Maasse
als für Männer, dabei ist aber bei ersteren das Abrollungsstück
des Sehnerven ein wenig grösser. Ferner sei erwähnt, dass bei
diesen Untersuchungen nicht konstatiert werden konnte, dass bei
Drehung des Auges nach unten-innen der gespannte Externus
einen Druck auf den Sehnerven und damit eine Zerrung an dessen
Insertionsstelle ausübt; im Gegenteil war zum öfteren deutlich zu
erkennen, dass bei der Augenstellung nach unten-innen, (die bei
der Nahearbeit doch hauptsächlich in Betracht kommt), die Eintrittsstelle des Sehnerven so weit gehoben wird, dass sie nicht
mehr in die Wirkungsebene des gespannten Externus fällt.

Im weiteren Verlauf meiner Untersuchungen war mir gelegentlich aufgefallen, dass bei gleich grossem Abrollungsstück das einemal Zerrung, das anderemal nur mässige bezw. nur ganz geringe
Spannung an der Eintrittsstelle des Optikus auftritt. Es kann
also nicht einzig und allein von der Grösse des Abrollungsstückes abhängen, ob bei gewissen Augenbewegungen eine Zerrung am Optikus auftritt oder nicht, es müssen vielmehr noch
andere Faktoren mit in Betracht kommen, welche hierbei eine
Rolle spielen. Es erwuchs somit die weitere Aufgabe, durch ausgedehntere Untersuchungen, die sich auf alle Punkte zu erstrecken
haben, die mit von Bedeutung sein können, diese Faktoren festzustellen [1]). Bei späteren Untersuchungen wurde daher ausser
der Länge des Optikus auch genau seine Krümmung notiert, der
Abstand der Augen gemessen und auf die Lage derselben geachtet, das Verhalten der Sehnerven selbst auf Elastizität, Nachgiebigkeit etc. untersucht sowie deren Richtung bestimmt, das
Verhalten des Bulbus selbst, zum Teil auch die Muskelinsertionen
und der Verlauf der Muskel beachtet u. s. w.

So mehrten sich die Punkte, welche in den Kreis der Untersuchung gezogen wurden. Der Standpunkt, den ich bei meinen
zur Zeit noch fortgesetzten Untersuchungen in der Myopiefrage

---

1) Von dem Einfluss der absoluten Länge des Sehnerven war schon oben die
Rede.

einnehme, wurde oben bereits kurz dargelegt. Druck[1]) und Zerrung auf der einen Seite, und verminderte Widerstandsfähigkeit des hinteren Bulbusabschnitts auf der anderen Seite, — das sind die Momente, welche zur Ektasierung des hinteren Pols und damit zur Kurzsichtigkeit führen. Wenn ich dem noch hinzufüge, dass es bei der gewöhnlichen Form der Myopie das jugendliche Auge mit noch nicht abgeschlossenem Wachstum ist, das durch diese Faktoren kurzsichtig wird, dass sein Wachstum unter deren Einfluss so modifiziert werden kann, dass der Sagittaldurchmesser unproportional stark wächst, so ist daraus ersichtlich, dass ich die Bedeutung des von Stilling nachdrücklich hervorgehobenen Gesichtspunktes anerkenne, und dass ich bis zu einem gewissen Grad mit dessen Anschauungen über die Entstehung der Kurzsichtigkeit übereinstimme.

Eine schon lange bekannte und auch schon oft hervorgehobene Thatsache ist, dass in weitaus der Mehrzahl der Fälle von Myopie die Kurzsichtigkeit stehen bleibt, wenn das Körperwachstum abgeschlossen ist. Dieses Faktum legt — worauf auch schon zum öftern hingewiesen worden ist — die Vermutung nahe, dass die Entwicklung der Kurzsichtigkeit zu dem Körperwachstum in irgend welchem Verhältnis steht.

Stilling hebt diesen Zusammenhang neuerdings wieder nachdrücklich hervor. Nach seiner Meinung besteht derselbe darin, dass häufig sich wiederholende, wenn auch an und für sich geringfügige Muskelspannung, speziell die Spannung des Musc. obliquus superior, welche bei bestimmten Augenbewegungen auftritt, einen derartigen Einfluss auf das jugendliche Auge ausübt, dass dadurch sein Wachstum modifiziert wird, und das Auge unproportional stark in die Länge wächst. Stilling hat sich unstreitig ein Verdienst dadurch erworben, dass er den Einfluss, welchen mechanische Kräfte auf das Wachstum des jugendlichen Auges möglicherweise nehmen können, nachdrücklich hervorgehoben und eingehend erörtert hat [2]). Es ist dieser Gesichtspunkt

---

1) sowohl extraokularer als auch intraokularer.

2) Auf die grössere Arbeit Stillings, welche während des Drucks dieses Heftes erschienen ist, kann hier nicht näher eingegangen werden.

für die Myopiefrage unzweifelhaft von Bedeutung. Indem ich diese Bedeutung anerkenne, teile ich Stilling s Anschauung über den Einfluss äusserer Kräfte auf das Wachstum des Auges im Allgemeinen, nur kann ich mich unmöglich der einseitigen Auffassung desselben anschliessen, nach welcher es einzig und allein der M. obliq. super. sein soll, der all' die vielfachen Veränderungen des myopischen Auges bedingt. Es kommt hierbei sicherlich nicht ein einzelner, sondern eine ganze Reihe von Faktoren in Betracht.

Bei meinen fortgesetzten Untersuchungen erhielt ich ganz instruktive Abbildungen von verschiedenen in Betracht kommenden anatomischen Verhältnissen der Orbita, besonders von dem Verlaufe des Sehnerven, wenn ich nach schonender Blosslegung der Sehnerven eine passende Glasplatte in den Schädel einlegte und nun mit Hektographentinte [1]) das Projektionsbild der unterliegenden Teile aufzeichnete. Stand ich hinter dem eröffneten Schädel, so schloss ich beim Zeichnen der rechten Seite das linke Auge und umgekehrt das rechte Auge beim Zeichnen der linken Seite. Dadurch wurden die Fehler möglichst vermieden, welche entstehen können, wenn man beim Zeichnen etwas schräg durch die Glasplatte sieht. Nur für die mittleren Teile (Chiasma etc.) macht sich der Fehler etwas geltend, die 2 hier gezeichneten punktierten Linien sind auf das Bild, das mit dem rechten bezw. mit dem linken Auge gesehen wird, zu beziehen. Die beigefügten, immer nach oben deutenden Pfeile sollen die auf- und absteigende Krümmung des Sehnerven angeben. Bei mässigem Ansteigen hat der Pfeil nur einen Hacken, bei stärkerem deren zwei, bei steilem Ansteigen sind 2 Pfeile neben einander beigefügt. Mit dem Hektographen wurde dann die Zeichnung von Glas auf Papier übertragen.

Mit möglichster Objektivität ohne vorgefasste Meinung wurde in jedem einzelnen Fall genau das Verhalten des Auges insbesondere das der Eintrittsstelle des Sehnerven bei Bewegungen genau notiert. Wurde ein von dem gewöhnlichen abweichendes

---

1) bezw. mit einer Mischung von Tinte und Gummilösung.

Verhalten gefunden, so war zu untersuchen, ob dieser Wider-
spruch nicht nur ein scheinbarer war, der bei Berücksichtigung
anderer in Betracht kommender Verhältnisse schwand. Ich selbst
sehe in meinen Untersuchungen nur einen Anfang zur Lösung
der diesbezüglichen Fragen.

In den folgenden Zusammenstellungen werden die Befunde
von 88 Sektionen mitgeteilt. Die Zusammenstellungen und die in
denselben vorkommenden Abkürzungen bedürfen keiner besonde-
ren Erklärung. Die Angabe des Berufs hat die Bedeutung, dass
dieser doch annähernd einen Schluss darüber zulässt, ob das
Auge zu Lebzeiten stark oder nur wenig in der Nähe beschäftigt
wurde, ebenso hat die Angabe der Krankheit, an welcher das
betreffende Individuum gestorben war, und wie lange nach dem
Tode die Sektion vorgenommen wurde, Bedeutung für das Ein-
gesunkensein des Auges in die Augenhöhle etc. Körperlänge
und Schulterbreite sind notiert, ebenso wie auch vielfach die
Schädelmasse und die der Orbita, weil die absolute Länge des
Sehnerven doch wohl in einem gewissen Verhältnis zur Körper-
grösse stehen dürfte, worauf ja der oben schon mitgeteilte Befund
deutet, dass bei Frauen der Sehnerv im Allgemeinen etwas kürzer
gefunden wird als bei Männern. An der Zeichnung sind jeweils
die Winkel angegeben, welche die beiden Sehnerven mit einander,
sowie auch die Winkel, welche die beiden Sehnerven mit der
Mittellinie bilden. Meistens, aber nicht immer war es leicht, die
Mittellinie genau zu bestimmen. Die Richtung des Sehnerven
wurde durch 2 Punkte angegeben, durch die Mitte des hinteren
Randes [1]) des Canalis optic. und durch die Insertionsstelle des
Sehnerven am Bulbus. Der von Mittellinie und Richtungslinie
des Sehnerven eingeschlossene Winkel wurde direkt gemessen.
Alles Weitere ist aus der Zusammenstellung ersichtlich.

Die erhaltenen Befunde sind in der Weise geordnet, dass sie
je nach der Grösse des Abrollungsstücks des Sehnerven in 3

---

1) Genau genommen wäre die Richtung des Orbitalteils des Sehnerven richtiger
bestimmt, wenn die Messung sich auf die Mitte des vorderen Randes des Canalis
opticum bezogen hätte. Die Messung am hinteren Rand war leichter genau auszu-
führen und die dadurch bedingte Abweichung schien mir meist auch nur gering zu sein.

Gruppen geteilt sind; bei der ersten Gruppe ist das Abrollungsstück gross (grösser als 7 Mm.), bei der 2ten mittelgross (zwischen 7 und 5½ Mm.), und bei der 3ten klein (5½ Mm. und
kleiner). Eine Schwierigkeit der Einteilung ergab sich daraus,
dass der Sehnerv sehr häufig nicht gleich gross auf beiden Seiten
ist. Bei der Einteilung wurde die Seite des grösseren Abrollungsstückes berücksichtigt, so kommt es, dass unter den Befunden
der Gruppe I mehrfach auch mittelgrosse bezw. selbst kleine Ab-
rollungsstücke notiert sind, ein Umstand, der bei Beurteilung der
vorliegenden Zusammenstellung Beachtung verdient. Dass die
3 Gruppen annähernd gleich gross sind, ist Zufall. Für die Einteilung war massgebend, ob bezw. in welchem Grade bei Augenbewegungen Zerrung am Optikus beobachtet wurde — und dies
hing im Grossen und Ganzen von der Grösse des Abrollungsstücks ab. Da bei einem Abrollungsstück von 7 Mm gewöhnlich der Nerv nicht ganz gestreckt und bei einem solchen von
5½ Mm meist nicht gezerrt wird, so würden die ersten Fälle von
Gruppe II resp. von Gruppe III besser noch zur vorhergehenden
Gruppe gestellt werden. Wenn dies gleichwohl nicht geschehen
ist, so geschah dies aus dem Grunde, weil in vielen dieser Fälle
das Abrollungsstück der anderen Seite merklich kleiner war.

2 t e U n t e r s u c h u n g s r e i h e.

I. G r u p p e.

(Nr. 1—31 inclus.)

Grosses Abrollungsstück (grösser als 7 Mm.). Bei Bewegungen des Auges findet keine Zerrung an der Eintrittsstelle des Sehnerven, sehr gewöhnlich noch nicht einmal eine völlige Abrollung des Abrollungsstücks statt. Die Papilla nervi optici wird im Allgemeinen rund gefunden.

1. F a l l.

K., K a t h a r i n e, 74 J., von E. Geisteskrank. Altersschwäche.
Sekt. 19. III. 85. K.-L. 1,62. Sch.-B. 0,38.
L. d. Opt. R.: in situ 15, gestr. 25, Diff. 10. L. d. can. opt. 9.
L.: » » 15, » 27, Diff. 12. » » » » 9.
Abst. d. Can. opt. 22. Abst. d. Bulbi 50.

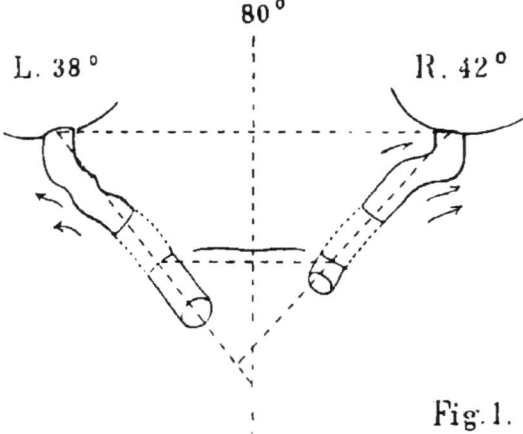

80°

L. 38°   R. 42°

Fig. 1.

Verlauf der Sehnerven beiderseits ziemlich gleich. Erst nahezu horizontal (ein wenig nach aussen-unten geneigt), dann starke Biegung nach aussen und steil aufsteigend mit kurzer knieförmiger Biegung zum Bulbus. Nahe der Insertion erscheint der Sehnerv wie gewunden.

Die Insertion des Sehnerven am Bulbus liegt höher als der Can. opticus.

Die Augen können nach den verschiedensten Richtungen hin sehr ausgiebig bewegt werden *ohne* dass auch nur die *geringste Zerrung* am Optikus stattfindet.

2. Fall.

K., Fidel, 62 J., Schreiner von S. Caries. Ex. 20. XII. 86.
V. 4. Sekt. 20. XII. 86. N. 2. K.-L. 1,65. Sch.-B. 0,38.
L. d. Opt. R.: in s. 15, gestr. 24,5, Diff. 9,5. L. d. can. opt. 9,5.
   L.: » » 15,5, 24,5, » 10. » » » » 8.
Abst. d. Can. opt. 23,5. Abst. d. Bulbi 57.
Schädel: Sagittald. 160, Querd. 143, Diagonald. 156 R. u. L.
Orbita: Höhe 35, Breite 39 R. u. L.
Bulbus: R. Achse 24, Aequat.d. horizont. und vertik. 24¼.

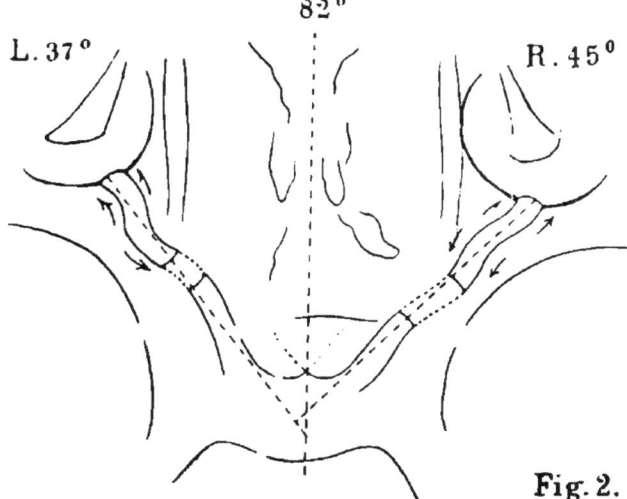

Fig. 2.

Verlauf der Sehnerven. R. Nach Austritt aus dem Canal. optic.
stark nach unten und etwas nach aussen. Im letzten Drittel stark
aufsteigend nach aussen zum Bulbus. L. Im ersten Drittel nach aussen-
vorn horizontal, dann gerade nach vorn und unten. Im letzten Drittel
steil aufsteigend z. Bulbus und dabei nach aussen. Torsion am Sehnerven.
 Canal. optic. nahezu in gleicher Höhe mit der Insertion am Bulbus.
Werden die Obliqui bei Ruhelage des Auges angespannt, so wird der
hintere Bulbusabschnitt nach oben-innen gerollt. Dabei wird die Eintrittsstelle des Sehnerven in gleichem Sinn mitbewegt. Werden die
Bulbi mit Fixationspincette gefasst und nach unten-innen geführt, so
werden *die Sehnerven noch nicht einmal ganz gestreckt.* Wird alsdann der
Obliq. angespannt, so wird der Sehnerv etwas nach oben gezogen.
 Die Trochlea liegt hoch. Die Sehne des Obliq. liegt nur auf ein
kurzes Stück dem Bulbus auf. — An der excidierten hinteren Bulbushälfte links erscheint die *Papille kreisrund.*

3. Fall.

V., Margarethe, 24 J., Fabrikarbeiterin von R. Phthis.
pulmon. Ex. 11. XII. V. 9³⁰. Sekt. 12. XII. N. 2. K.-L. 1,69.
Sch.-B. 0,36.
l. d. Opt. R.: in s. 17,   gestr. 24,5, Diff. 7,5. l. d. Can. opt. 9,5.
      L.: » » 15,5,   »   25,   » 9,5. » » »   » 9,5.
Abst. d. Can. opt. 23. Abst. d. Bulbi 44.

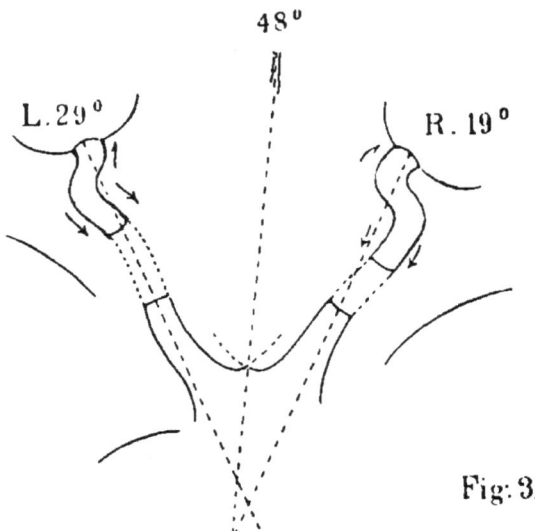

Fig. 3.

Verlauf des Sehnerven beiderseits ziemlich gleich. Im Canal. opt.
fast horizontal nach aussen-vorn, dann steil nach unten und ein wenig
gebogen (Convexität nach aussen), dann brüsk nach vorn und aussen
umbiegend zum Bulbus. Dabei macht es den Eindruck, als ob dicht
hinter dem Bulbus eine Torsion des Sehnerven von innen nach aussen
statthabe.

Canal. optic. bedeutend höher als Insertion am Bulbus. Werden
die Bulbi nach innen-unten rotiert, so werden selbst bei ausgiebigster
Exkursion *die Sehnerven noch nicht einmal ganz aufgerollt.*

An dem excidierten hinteren Bulbusabschnitt erscheint die *Papilla*
nervi optici *kreisrund,*

J., Johanna, 44 J., von S. Lebercarcinom. Ex. 14. II.
86. V. 10·¹⁵. Sekt. 15. II. N. 2. K.-L. 1,74. Sch.-B. 0,4.
L. d. Opt. R.: in situ 17,5, gestr. 27, Diff. 9,5. L. d. Can. opt. 11.
    L.: » » 18, 27, » 9. » » » » 11.
Abst. d. Can. opt. 21. Abst. d. Bulbi 59.

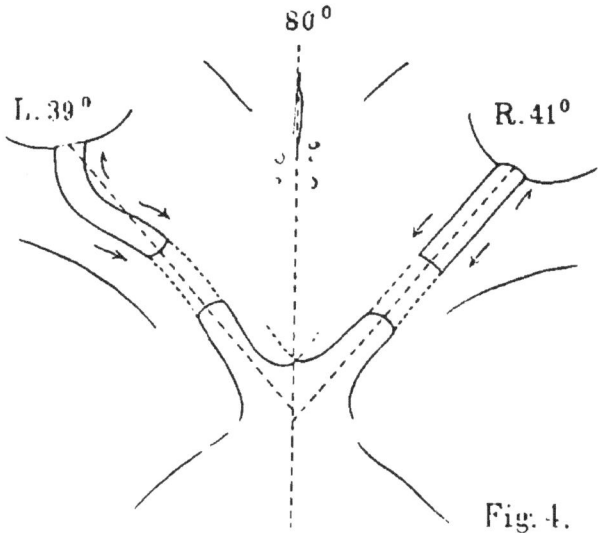

Fig. 4.

Verlauf des Sehnerven rechts nach aussen-vorn mit starker Biegung
nach unten, links ausser der Biegung nach unten auch noch Biegung
nach aussen. Im Can. opt. horizontal nach aussen und vorn; dann
stark nach unten und weniger stark nach aussen, zuletzt wieder etwas
ansteigend zum Bulbus.

Canal. opt. höher als Insertionsstelle am Bulbus.

Werden die Bulbi nach innen-unten rotiert, so werden die Sehnerven *noch nicht einmal ganz gestreckt*. Die *Papille* erscheint an dem
excidierten hinteren Bulbusabschnitt *nahezu kreisrund*. Die Bulbi sind
klein.

5. Fall.*

Sch., Karl, 54 J., Tagl. v. Kl. Lungen- u. Hirntuberkulose.

Ex. 29. VI. 86. N. 7¹⁵. Sekt. 30. VI. N. 2. K.-L. 1,72. Sch.-B. 0,4.

L. d. Opt. R.: in situ 18, gestr. 25, Diff. 7. L. d. Can. opt. 9.

L.: » » 17, » 25, » 8. » » » » 9.

Abst. d. Can. opt. 21. Abst. d. Bulbi 56.

Schädel: Sagittald. 179, Querd. 152, Diagonald. 179 R. u. L.

Orbita: Höhe 35, Breite 37 R. u. L.

Bulbus: R. Längsdurchmesser 24, Aequat.d. 24.

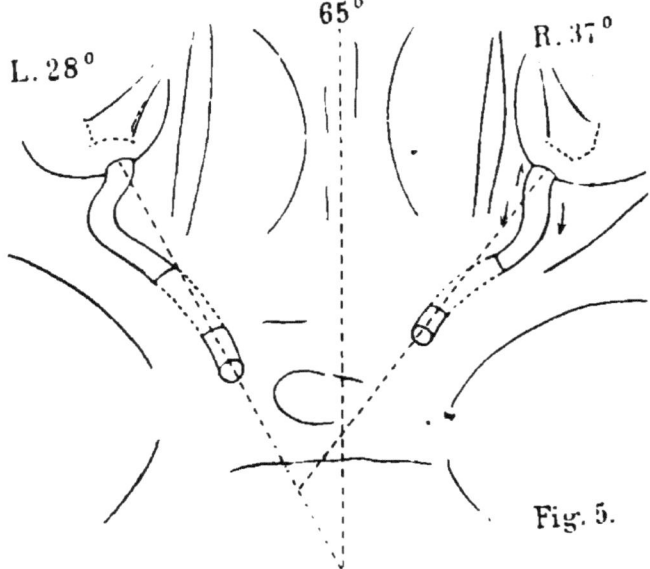

Fig. 5.

Verlauf des Sehnerven. R.: Erst nach aussen, dann stark nach unten und ein wenig nach aussen; im letzten Drittel nahezu horizontal (etwas ansteigend) geradeaus zum Bulbus. L.: nahezu horizontal, hintere 2 Drittel nach aussen, dann stark umbiegend nach innen zum Bulbus. Canal. optic. rechts höher als Insertion, links in gleicher Höhe.

Wird der Bulbus nach unten-innen rotiert, so werden die Sehnerven *noch nicht einmal ganz gestreckt.* Werden die Obliqui, von der Ruhelage ausgehend, angespannt, so wird der hintere Bulbusabschnitt etwas nach oben-innen gerollt, wobei die Eintrittsstelle des Sehnerven etwas mitbewegt wird. Wird, nachdem der Bulbus nach unten-innen rotiert worden, der Obliquus angespannt, so wird die Eintrittsstelle noch weiterhin ein wenig gehoben. Die Sehne des Obliquus liegt dem Bulbus eine grössere Strecke auf. — An dem excidierten linken hinteren Bulbusabschnitt erscheint die *Papille vollständig rund.* Im Augenhintergrund mehrere Chorioidealtuberkel,

6. Fall. *

zwischen 7 und 5½ Mm. gross (gehörte somit zu Gruppe II), in den mit zwei Sternen versehenen
Fällen war das Abrollungsstück auf der einen Seite 5½ und kleiner (gehörte somit zu Gruppe III).

V., Briska, 30 J., Dienstmagd von Ph. Phthis. pulmon.
Ex. 21. VII. 86. N. 11³⁰. Sekt. 22. VII. N. 2. K.-L. 1,6. Sch.-
Br. 0,36.

L. d. Opt. R.: in situ 16,   gestr. 25,5, Diff. 9,5. L. d. Can. opt. 9.

L.: » » 18,5,   » 25,5, » 7. » » » » 9.

Abst. d. Can. opt. 20,5. Abst. d. Bulbi 48.

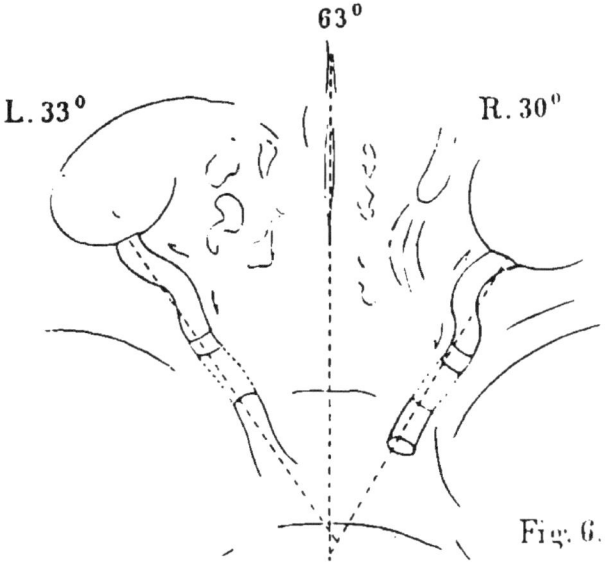

Fig. 6.

Verlauf der Sehnerven beiderseits ähnlich. Im Grossen und Ganzen
nahezu horizontal. Nach Austritt aus dem Can. opt. stärkere Biegung
nach innen-unten, dann nach aussen und etwas nach oben zum Bulbus.

Canal. opt. ziemlich in gleicher Höhe mit Insertion am Bulbus.

Werden die Bulbi nach innen-unten rotiert, so werden die Sehnerven *knapp gestreckt.* An dem excidierten hinteren Bulbusabschnitt
erscheint gegen das Licht gehalten die *Papille kreisrund.*

R. Bulbus Achsenlänge c. 22,5.

Zu Lebzeiten wurde ophthalmoskopisch die Refraktion bestimmt.
R.-A.: Refraktion schwach hypermetropisch. Die Papille erscheint
normal. Der Skleralring auf der Temporalseite etwas deutlicher.

7. Fall.

C., Philipp, 56 J., Taglöhner von D. Caries. Ex. 5. I.
86. Sekt. 6. I. N. 2. K.-L. 1,68. Sch.-B. 0,43.
L. d. Opt. R.: in situ 16, gestr. 25, Diff. 9. L. d. Can. opt. 7.
L.: » » 16, » 24, » 8. »   » » 7.
Abst. d. Can. opt. 24. Abst. d. Bulbi 51.

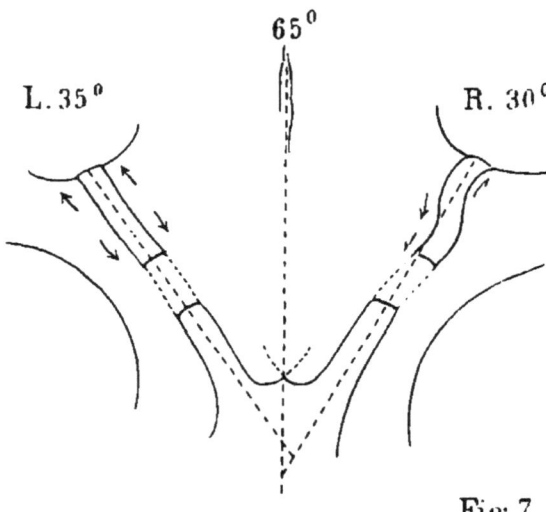

Fig. 7.

Verlauf der Sehnerven. R.: Im Canal. optic. horizontal nach aussen
und vorn, dann etwas absteigend nach aussen, dann gleichfalls noch
etwas absteigend gerade und vorn, zuletzt etwas aufsteigend nach aussen herüber zum Bulbus. L.: Verlauf im Grossen und Ganzen nach
aussen und vorn, dabei starke Biegung, Konvexität nach unten.

Canal. opt. etwas höher als Insertion am Bulbus.

Werden die Bulbi nach innen-unten rotiert, so werden die Sehnerven *noch nicht einmal ganz gestreckt.* An der excidierten hinteren
Bulbushälfte des rechten Auges erscheint die Papille rund (besonders
deutlich, wenn gegen das Licht gehalten).

8. Fall.

K., Georg, 33 J., Taglöhner von L. Phthis. pulm. Ex. 18.
IX. 86. N. 11. Sekt. 20. IX. N. 2. K.-L. 1,64. Sch.-B. 0,4.
L. d. Opt. R.: in situ 16,5, gestr. 25,5, Diff. 9. L. d. Can. opt. 11,5.
   L.: » » 18,5, » 26, » 7,5. » » » 11.
Abst. d. Can. opt. 20. Abst. d. Bulbi 50.

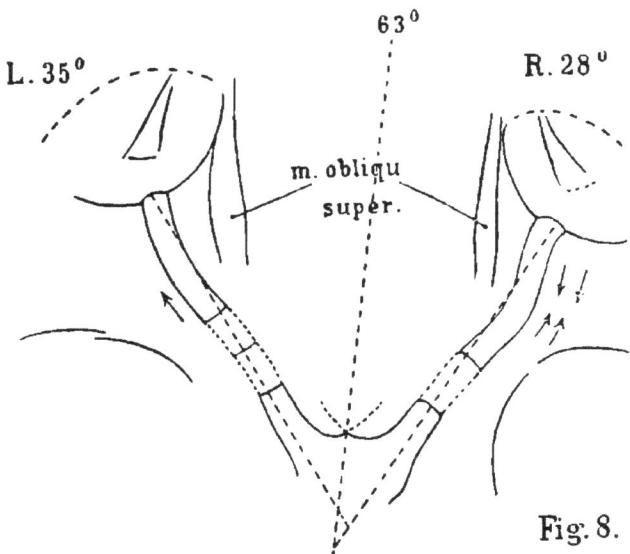

Fig. 8.

Verlauf der Sehnerven. R.: nach Austritt aus dem Can. opt. starke
Biegung nach oben. L.: erst mässige Biegung nach aussen und oben,
dann horizontal und weniger stark nach aussen zum Bulbus.

Canal. optic. und Insertionsstelle nahezu in gleicher Höhe.

Werden die Bulbi nach innen-unten rotiert, so werden die Sehnerven *knapp gestreckt.* Werden, wenn die Bulbi nach unten-innen rotiert sind, die Obliqui sup. angezogen, so wird der äussere hintere
Bulbusabschnitt etwas nach vorn gezogen und die Eintrittsstelle des
Sehnerven etwas mitgehoben.

9. Fall.*

M., Franz, 54 J., Taglöhner von M. Darmruptur. Ex.
20. XII. 85. V. 8. Sekt. 21. XII. N. 2. K.-L. 1,66. Sch.-B. 0,4.
L. d. Opt. R.: in situ 20, gestr. 26, Diff. 6. L. d. Can. opt. 10.
L.: » » 18, » 27, » 9. » » » » 11.
Abst. d. Can. opt. 22,5. Abst. d. Bulbi 55,5.

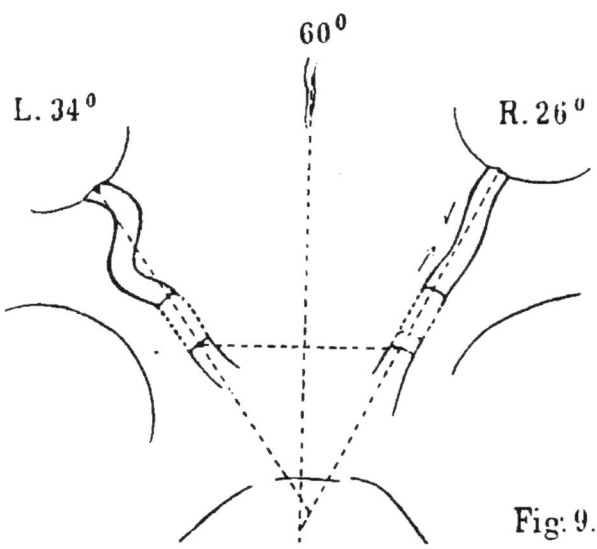

L. 34⁰   60⁰   R. 26⁰

Fig. 9.

Verlauf der Sehnerven. R.: Im Can. opt. horizontal nach aussen-
vorn, dann in nahezu gleicher Richtung aufsteigend, zuletzt leicht nach
unten geneigt zum Bulbus. L.: Der Sehnerv verläuft nahezu horizontal.
Im Can. opt. nach aussen-vorn. Nach Austritt aus diesem noch ein
kleines Stück in gleicher Richtung weiter, dann stark nach innen umbiegend bogenförmig (Konvexität nach innen) nach aussen herüber
zum Bulbus.

Canal optic. fast in gleicher Höhe mit der Insertion am Bulbus.
Werden die Bulbi nach innen-unten rotiert, so wird der Sehnerv
links noch nicht einmal ganz abgerollt, rechts wird er auch nur knapp
gestreckt. An dem hinteren Bulbusabschnitt erscheint rechts die *Papille kreisrund.*

10. Fall.**

S c h m., E l i s a b e t h, 66 J. alt, von Heilbronn. Carcinom der Niere. Sekt. 7. VIII. 85 K.-L. 1,6- Sch.-B. 0,4.

L. d. Opt. R.: in situ 15, gestr. 20, Diff. 5. L. d. Can. opt. 9.

L.: » » 17, » 26, » 9. » » » » 8.

Abst. d. Can. opt. 27. Abst. d. Bulbi 57.

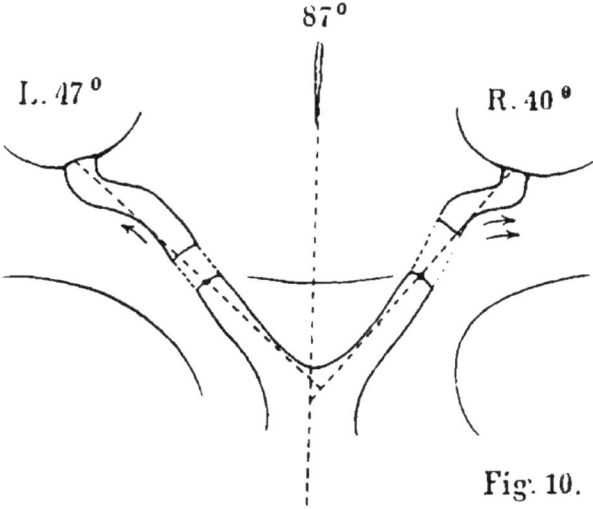

Fig. 10.

Verlauf der Sehnerven. R.: Im Canal. optic. etwas nach aussen und dabei fast horizontal, dann mit steiler Biegung stark nach oben und aussen, dann rasch umbiegend nach vorn zum Bulbus. L.: Sehnerv nicht so stark gekrümmt, besonders nicht so stark nach oben. Im Can. opt. fast horizontal und etwas nach aussen. Allmähliche Biegung nach aussen und etwas nach oben. Mit kurzer Biegung dicht hinter dem Bulbus gerade nach vorn zu diesem heran.

Die Insertion am Bulbus liegt rechts bedeutend höher als der Canal. opt.

Bei Rotation des Bulbus nach innen-unten ist am *rechten* Auge *Zerrung* am Optikus zu sehen; dabei deutliche Drehung der Insertionsstelle derart, dass der äussere untere Teil derselben gehoben wird und am stärksten gezerrt ist. An dem excidierten *rechten* hinteren Bulbusabschnitt erscheint die *Papille nicht rund*, sondern oval, die Eintrittsstelle der Centralgefässe liegt näher dem inneren Rand.

11. Fall.

F., August, 21 J., Mechaniker v. T. Rippencaries. Phthis.
Ex. 22. XII. 86. V. 1. Sekt. 22. XII. X. 2. K.-L. 1,64. Sch.-B. 0,37.
L. d. Opt. R.: in situ 15, gestr. 23,5, Diff. 8,5. L. d. Can. opt. 7.

L.: » » 14,5, » 23 , » 8,5. » » » » 7,5.

Abst. d. Can. opt. 30. Abst. d. Bulbi 56,5.

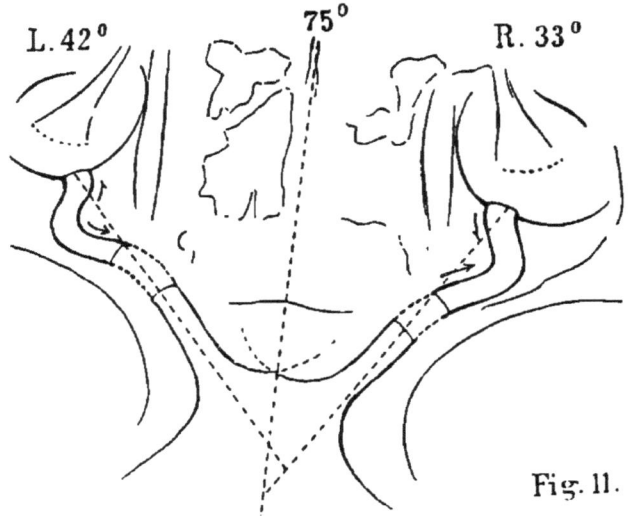

Fig. 11.

Verlauf der Sehnerven. R.: Im Grossen und Ganzen horizontal.
Erst stark nach aussen und dabei ein wenig ansteigend, dann plötzlich umbiegend nahezu horizontal (resp. ein wenig nach unten geneigt)
nach innen und vorn, dicht hinter dem Bulbus die Richtung ändernd
nach aussen. L.: Ungefähr der gleiche Verlauf, nur nach Austritt
aus dem Canal. opt. ein klein wenig nach unten-aussen. In der Mitte
seines Verlaufes umbiegend nach innen-vorn und dabei ein klein wenig
nach oben. Can. opt. und Insertion nahezu in gleicher Höhe.
Schädel: Sagittald. 167, Querd. 144, Diagonald. 167 R. und L.
Orbita: Höhe 35, Breite 38 R. u. L.
Bulbus: R. Sagittald. ca. 22, Aequat.d. vertik. 22,33, horiz. 23.
Obliq. super. Länge d. Insertion 9. Abst. d. inneren Randes der
Insertion vom Sehnerven 9, des äusseren 14. Die Sehne des Obliq.
liegt nur auf kurze Strecke dem Augapfel auf.
Werden die Bulbi nach innen-unten rotiert, so werden die *Sehnerven noch nicht einmal ganz gestreckt.* Werden alsdann die Obl. sup.
etwas angespannt, so wird die Eintrittsstelle des Sehnerven etwas gehoben. Werden von der Ruhelage ausgehend die Obl. angezogen, so
wird der hintere Bulbusabschnitt etwas nach oben-innen gerollt und
die Eintrittsstelle des Sehnerven in gleichem Sinn mitbewegt. An dem
hinteren Abschnitt des linken Auges erscheint die *Papille nahezu rund.*
Die Eintrittsstelle der Centralgefässe liegt etwas näher dem inneren Rand.

12. Fall.

Schm., Karl, 44 J., Expeditionsgehilfe von M. Oedema pernic. Ex. 22. 1. 86. N. 7. Sekt. 23. I. N. 2. K.-L. 1,63. Sch-Br. 0,44.

L. d. Opt. R.: in situ 16, gestr. 24,5, Diff. 8,5. L. d. Can. opt. 9.

L.: » » 15, » 23 , » 8 . » » » » 7.

Abst. d. Can. opt. 25,5. Abst. d. Bulbi 49,5.

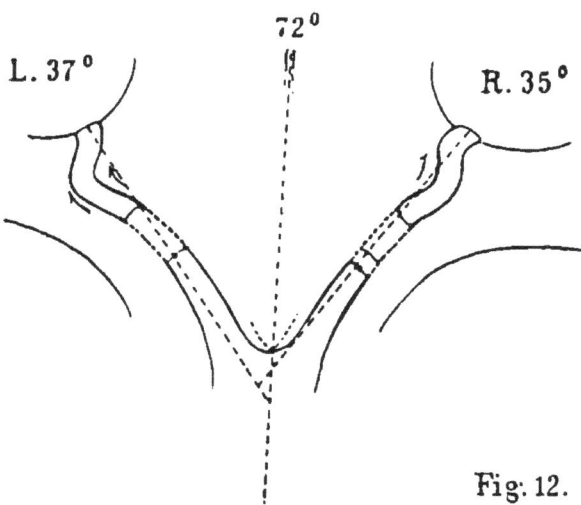

Fig. 12.

Verlauf der Sehnerven. R.: Im Canal. optic. ziemlich horizontal nach aussen und vorn; nach Austritt aus demselben stärker nach aussen, dann etwas nach innen und gleichzeitig etwas nach oben, schliesslich nach oben-aussen (senkrecht zur Bulbusoberfläche inserierend). Dabei macht es den Eindruck, als ob dicht hinter dem Bulbus eine Torsion von innen nach aussen statthabe. L.: Im Canal. opt. ziemlich horizontal nach aussen und vorn. Nach Austritt aus demselben anfangs annähernd die gleiche Richtung beibehaltend, dann steil aufsteigend, zuletzt horizontal gerade nach vorn zum Bulbus.

Werden die Bulbi nach innen-unten rotiert, so werden die Sehnerven *knapp gestreckt, aber nicht gezerrt.* Die Papille erscheint am rechten Auge nahezu kreisrund; vielleicht liegt die Eintrittsstelle der Centralgefässe dem inneren Rand etwas näher.

13. Fall.*

A., J o s e p h, 72 J., Schiffer von M., Apoplex. cer. Ex. 15. IX. 86. N. 3³⁰. Sekt. 16. XI. N. 2. K.-L. 1,75. Sch.-B. 0,4. L. d. Opt. R.: in situ 15, gestr. 22, Diff. 7. L. d. Can. opt. 11.

    L.: » » 16, » 24,5, » 8,5. » » » » 10,5.

Abst. d. Canal. opt, 22,5. Abst. d. Bulbi ca. 50.

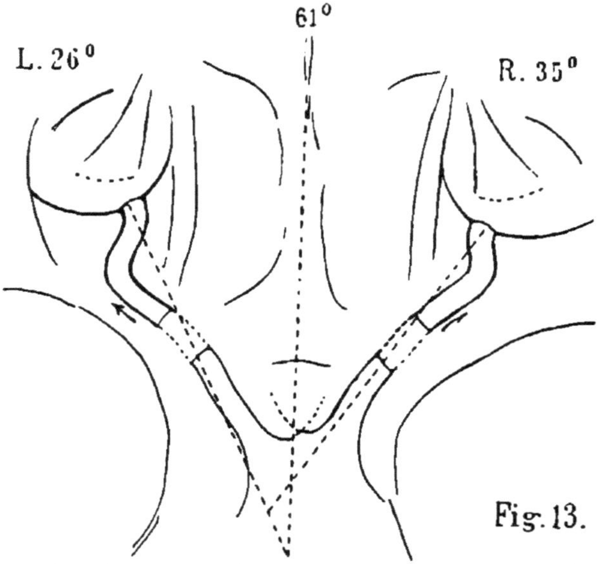

L. 26°   61°   R. 35°

Fig. 13.

Verlauf der Sehnerven. R.: Nach Austritt aus dem Can. opt. nach aussen und etwas nach oben, dann nicht ganz in der Mitte seines Verlaufes knieförmig nach innen-vorn umbiegend und dabei nahezu horizontal zum Bulbus. L.: Erst nach aussen und ein wenig nach oben, im mittleren Drittel nach innen-vorn nahezu horizontal, im letzten Drittel nach aussen-vorn, dabei ein klein wenig aufsteigend. Nerv hinter dem Bulbus wie von aussen nach innen torquiert. Can. opt. beiderseits etwas tiefer als Insertion am Bulbus, links mehr. Werden die Bulbi nach unten-innen rotiert, so tritt *noch nicht einmal vollständige Streckung* des Sehnerven ein. Werden die Obliq. sup. bei Ruhelage des Auges angezogen, so wird der hintere Bulbusabschnitt etwas nach oben-innen rotiert, dabei wird die Eintrittsstelle des Sehnerven kaum mitbewegt. Wird der Obliq. sup. angespannt, wenn die Bulbi nach unten-innen gedreht sind, so wird jetzt beiderseits die Eintrittsstelle nach oben gezogen. Wird bei Bewegung nach unten-innen auf die Lage des hinteren Pols geachtet, so sieht man, wie dieser zwischen Rect. super. und Rect. ext. zu liegen kommt. Die *Papille* erscheint an dem excidierten hinteren Abschnitt des linken Auges *rund.* Länge des rechten Auges ca. 23 Mm. Entfernung von der Eintrittsstelle des Sehnerven bis zum äusseren Rand der Obliquusinsertion R. 14, L. 12,5; bis zum inneren Rand R. 5, L. 6.

14. Fall.*

Z., G a l l u s, 68 J., Schuhmacher von M. Blasenleiden. Sekt.
10. VII. 85. K.-L. 1,6. Sch.-B. 0,4.
L. d. Opt. R.: in situ 15, gestr. 22, Diff. 7. L. d. Can. opt. 10.
    L.: » » 15,5, » 24, » 8,5. » » » » 10.
Abst. d. Canal. opt. 24. Abst. der Bulbi 54.

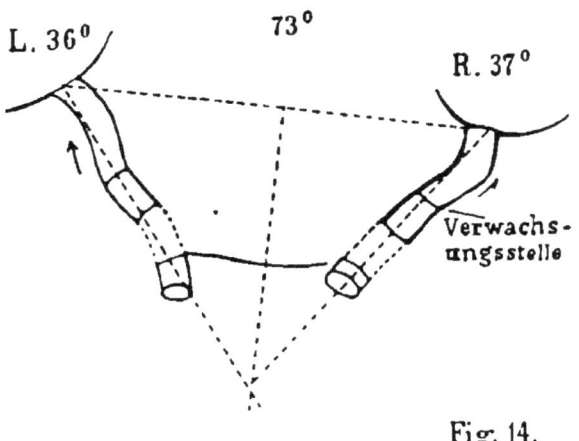

L. 36°   73°   R. 37°

Verwachs-
ungsstelle

Fig. 14.

Verlauf der Sehnerven. R.: Erst verläuft er ein wenig nach unten,
dann macht er eine stärkere Biegung nach aussen-oben, schliesslich
geht er fast horizontal ziemlich gerade herüber zum Bulbus. L.: Der
Sehnerv verläuft erst ein klein wenig nach unten, macht dann einen
flachen Bogen nach oben-innen und zieht schliesslich horizontal nach
aussen zum Bulbus.

Wird der Bulbus nach innen-unten rotiert, so wird hierbei *keine*
Zerrung an der Eintrittsstelle des Sehnerven bemerkt.

Die *Papille* erscheint *normal.*

R., Herrmann, 40 J., von Z.   Phthis. pulm.   Sekt. 4 VIII.
85.   K.-L. 1,68.   Sch.-B. 0,42.

L. d. Opt. R.: in situ 20, gestr. 26,   Diff. 6.   L. d. Can. opt. 7.

      L.: » » 17,   » 25,5,   » 8,5.   » » » » 7.

Abstand d. Canal. opt. 20.   Abst. d. Bulbi 49.

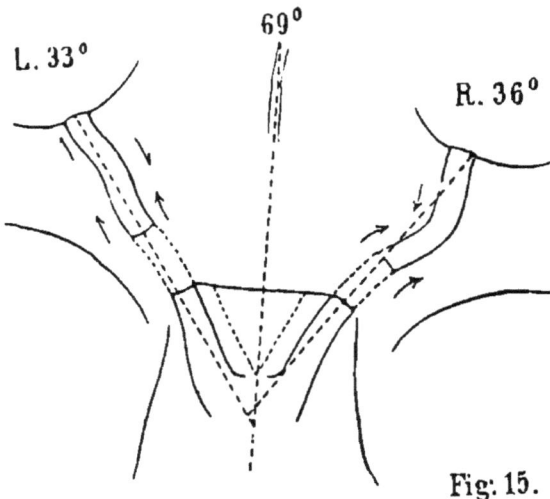

Fig. 15.

Verlauf der Sehnerven. R.: Der Sehnerv macht nach Austritt aus dem Canal. optic. erst eine starke kurze Biegung nach oben und aussen, verläuft dann nach unten-innen und zuletzt horizontal ziemlich gerade nach vorn zum Bulbus. L.: Erst stärkere Biegung nach aussen-oben, dann nach unten-innen, zuletzt zum Bulbus aufsteigend nach aussen.

Werden die Bulbi nach unten-innen rotiert, so ist *keine Zerrung* am Optikus zu bemerken.

16. Fall.*

H., Katharine, 44 J., Arbeiterin von N. Pleuritis. Ex. 13.
XI. 86. V. 1. Sekt. 13. XI. N. 2. K.-L. 1,58. Sch.B. 0,35.
L. d. Opt. R.: in situ 18, gestr. 26,5, Diff. 8,5. L. d. Can. opt. 12.
  L.: » » 17, » 23, » 6. » » » » 13,5.
Abst. d. Can. opt. 15,5. Abst. d. Bulbi 50.

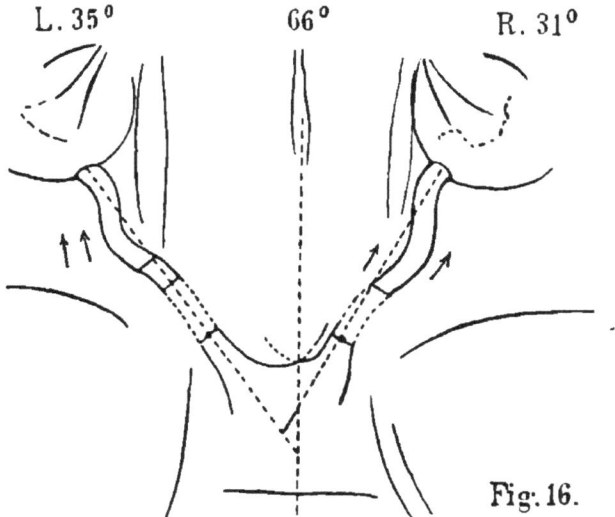

L. 35° 66° R. 31°

Fig. 16.

Verlauf der Sehnerven. R.: Erst nach aussen-vorn, dabei stark
aufsteigend, dann gerade nach vorn nahezu horizontal, zuletzt nach
aussen zum Bulbus. L.: Erst nach aussen-vorn, dann gerade nach vorn
und dabei stark aufsteigend, im letzten Drittel horizontal nach aussen
zum Bulbus.

Canal. optic. tiefer als die Insertion des Optikus am Augapfel.

Werden die Bulbi nach innen-unten rotiert, so wird der *Sehnerv
rechts nicht ganz gestreckt.*

Wird der Obliquus superior bei Ruhelage des Auges angespannt,
so wird der Bulbus nach oben und innen rotiert, dabei wird die Eintrittsstelle des Sehnerven ein klein wenig nach oben-innen gezogen.

Wird der Obliquus angezogen, wenn der Bulbus vorher nach innen-
unten geführt war, so wird jetzt die Insertionsstelle des Sehnerven ein
klein wenig nach oben-innen gezogen, links mehr wie rechts.

An dem hinteren Bulbusabschnitt *links erscheint die Papille* vielleicht
etwas breiter und die *Eintrittsstelle* der Centralgefässe dem inneren Rande
etwas näher.

Länge des exstirpierten rechten Auges ca. 24 Mm.

17. Fall. *

H., Karl, 62 J., Pfründner von M. Alkoholismus. Ex. 13,
XII. 85. V. 7. Sekt. 14. XII. N. 2. K.-L. 1,69. Sch.-B. 0,4.
L. d. Opt. R.: in situ 17, gestr. 25,5. Diff. 8,5. L. d. Can. opt. 11.
    L.: » » 20, » 26,0, » 6. » » » » 11
Abst. d. Can. opt. 27,5. Abst. d. Bulbi 57.

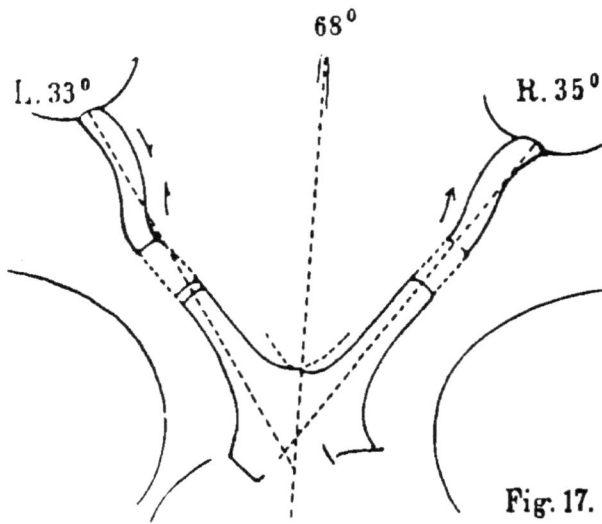

Fig. 17.

Verlauf der Sehnerven. R.: Im Canal. opt. nach aussen und vorn
dann stark nach oben-vorn, zuletzt nach aussen (dabei ein wenig nach
unten geneigt) zum Bulbus. L.: Im Can. opt. nach aussen-vorn, dann
mit flachem Bogen (Konvexität nach oben und innen) zum Bulbus.

Werden die Bulbi nach innen-unten rotiert, so werden dabei die
Sehnerven noch nicht einmal vollständig gestreckt.

18. Fall.

G., Philipp, 41 J., Cigarrenmacher von L. Phthis. pulm.
Ex. 8. II. 86. N. 4. Sekt. 9. II. N. 2. K.-L. 1,75. Sch.-B. 0,44.
L. d. Opt. R.: in situ 14, gestr. 22, Diff. 8. L. d. Can. opt. 12,5.
L.: » » 14, » 22, » 8. » » » » 12.
Abst. d. Can. opt. 22. Abst. d. Bulbi 49,5.

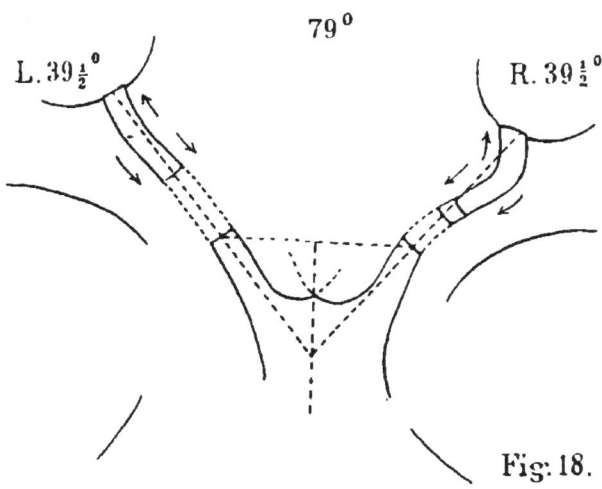

Fig. 18.

Verlauf der Sehnerven beiderseits ziemlich gleich. Im Canal. opt.
nach aussen-vorn, dann steil nach unten-aussen, zuletzt wieder aufsteigend zum Bulbus.

Canal. optici höher als Insertion am Bulbus.

Symmetr. Schädel. Sagittaldurchm. 185. Querd. 145. Schräger
D. 165.

Bei Bewegung nach unten-innen werden die Sehnerven *noch nicht
einmal ganz aufgerollt.* An dem rechten Auge *Papille kreisrund.*

19. Fall. *

C h r., A n d r e a s, 55 J., Taglöhner von M. Phthis. pulm.
Ex. 9. XII. 86. V. 6. Sekt. 9. XII. N. 2. K.-L. 1,66. Sch.B. 0,43.
L. d. Opt. R.: in situ 18, gestr. 26, Diff. 8. L. d. Can. opt. 10.
L.: » » 18,5, » 25,5, » 7. » » » » 10,5.
Abst. d. Canal. opt. 24,5. Abst. d. Bulbi 55.

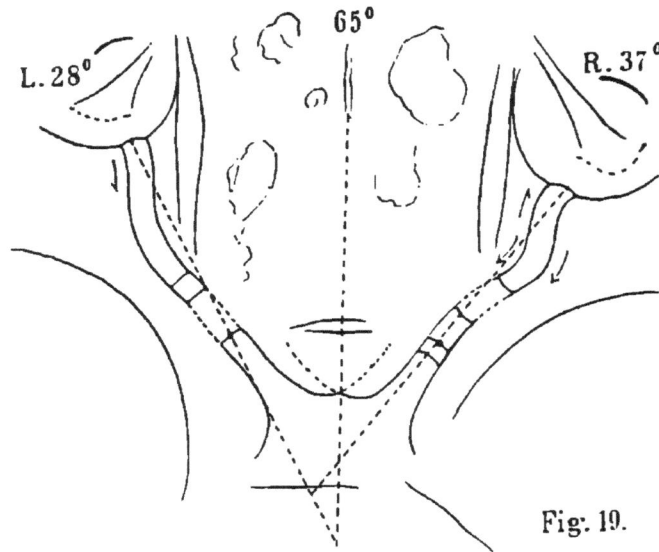

Fig. 19.

Verlauf der Sehnerven. R.: Nach Austritt aus dem Canal. optic.
stark nach unten und etwas nach aussen, im mittleren Drittel gerade
nach vorn horizontal, im letzten Drittel leicht aufsteigend und etwas
nach aussen. L.: Nahezu horizontal. Nach Austritt aus dem Canal.
optic. horizontal und etwas nach aussen, im mittleren Drittel horizontal
nach vorn, im letzten Drittel etwas nach unten und ein wenig nach aussen.

Canal. optic. beiderseits höher als Optikusinsertion am Bulbus.
Vom Chiasma aus läuft links der Sehnerv viel schräger zum Canal.
opticus als rechts.

Schädel: Sagittald. 185. Querd. 152. Diagonald. 165 R. u. L.
R. Bulbus Sagittald. = ca. 23—24 Mm.

Obliq. super. Breite der Insertion ca. 9. Abstand von der Eintrittsstelle des Optikus bis zum äusseren Rand der Insertion 14,5, bis
zum inneren 8, bis zur Mitte 10 Mm.

Werden die Obliq. sup. angespannt bei Ruhelage des Auges, so
wird der hintere Abschnitt des Auges nach oben-innen gerollt. Dabei
wird die Eintrittsstelle des Sehnerven in gleichem Sinn *etwas verzogen.*

Werden die Bulbi mittelst Fixationspincette nach unten-innen rotiert, so wird *links der Schnerv knapp gestreckt.* rechts nicht.

Werden jetzt die Obliq. sup. angespannt, so wird die Eintrittsstelle
des *Sehnerven nach oben-innen gezogen.*

20. Fall.

K., Karl, 47 J., Goldarbeiter von M. Gehirnatrophie. Ex.
17. XII. 85. N. 7. Sekt. 18. XII. N. 2. K.-L. 1,43. Sch.-B. 0,34.
L. d. Opt. R.: in situ 16,5, gestr. 24, Diff. 7,5. L. d. Can. opt. 10.
 L.: » » 16, » 24, » 8. » » » » 11.
Abst. d. Canal. opt. 19. Abst. d. Bulbi 48.

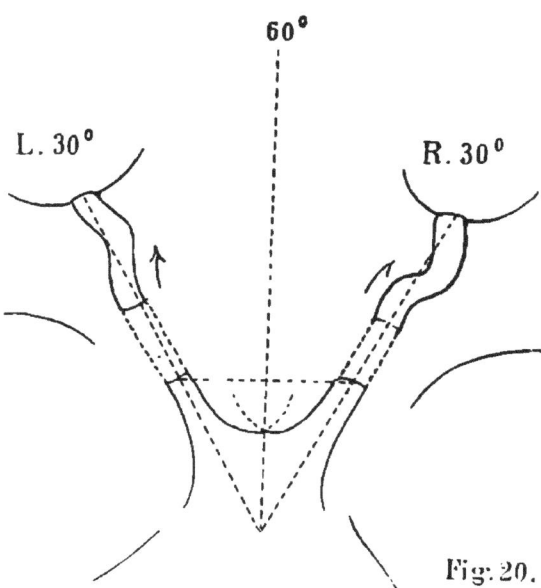

Fig. 20.

Verlauf der Sehnerven. R.: Im Canal. opt. fast horizontal nach
aussen, dann kurze Biegung nach vorn, dann stärker nach aussen und
etwas nach oben, zuletzt fast horizontal gerade nach vorn. L.: Im
Canal. opt. nach aussen, dann stark aufsteigend nach vorn mit Bogen
(Konvexität nach innen); zuletzt herüber nach aussen zum Bulbus.
 Can. opt. bedeutend tiefer als Insertion des Sehnerven am Bulbus.
 Werden die Augen nach innen-unten rotiert, so werden die *Seh-
nerven leicht gestreckt. Keine Zerrung.*
 Eintrittsstelle der Gefässe näher dem inneren Rande.

21. Fall.

M., Salomon, 56 J., Heizer von M. Phthis. pulm. Sekt.
22. VIII. 85. K.L. — Sch.-B. —
L. d. Opt. R.: in situ 19, gestr. 27, Diff. 8. L. d. Can. opt. 8.
     L.: » » 19, » 26,5 » 7,5. » » » » 9.
Abst. d. Can. opt. 24. Abst. d. Bulbi 51,5.

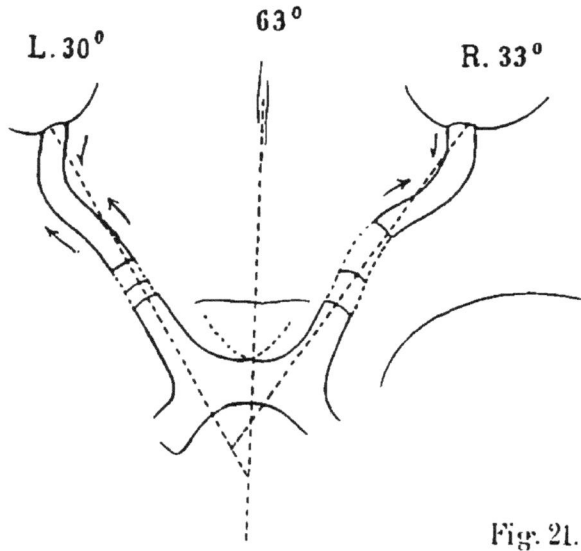

Fig. 21.

Verlauf der Schnerven. Z.: Im Canal. opt. horizontal nach aussen,
dann stark nach aussen und oben, dann fast gerade nach vorn und
etwas geneigt zum Bulbus. Insertion am Bulbus und Canal. opt. ungefähr in gleicher Höhe. L.: Nach Austritt aus dem Canal. optic.
stark nach oben und aussen, dann ein wenig geneigt nach unten und
etwas nach innen zum Bulbus.

Bei *Bewegungen* des Bulbus *keine Zerrung am Optikus.*

Papille erscheint am excidierten hinteren Abschnitt des rechten
Auges *rund.*

22. Fall.*

M., Anna Marie, 68 J., von II. Phthis. pulm. Ex. 12. I.
86. N. 2. Sekt. 13. I. N. 2. K.-L. 1,5. Sch.-B. 0,37.
L. d. Opt. R.: in situ 18, gestr. 26, Diff. 8. L. d. Can. opt. 9.
      L.: » » 19,5, » 26,5, » 7. » » » » 9.
Abst. d. Can. opt. 22. Abst. d. Bulbi 53.

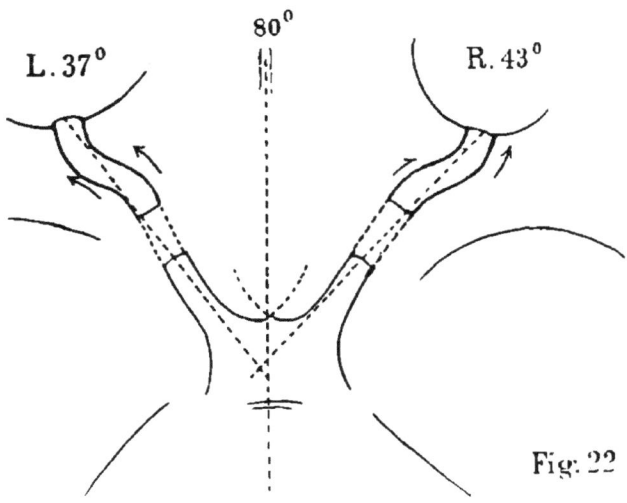

Fig. 22

Verlauf der Sehnerven. Anfangs ziemlich horizontal nach aussen
und vorn, dann nach oben, erst nach aussen, dicht hinter dem Bulbus
mehr gerade nach vorn. L.: Der Sehnerv verlauft erst etwas nach aussen
und vorn, dann steil nach oben und etwas stärker nach aussen und
vorn, dicht hinter dem Bulbus ziemlich horizontal gerade nach vorn.

Die Bulbi liegen auffallend dicht unter dem sehr dünnen Orbitaldach.
Can. opt. bedeutend tiefer als Insertionsstelle des Optikus am Bulbus.

Werden die Bulbi nach unten-innen rotiert, so tritt *keine Zerrung
am Optikus* auf. Der letztere wird *noch nicht einmal völlig aufgerollt.*

An dem excidierten hinteren Bulbusabschnitt erscheint die *Papille*
ziemlich *kreisrund* R. und L.

23. Fall. *

S c h., S i m o n, 65 J., Gärtner.   Phthis. pulm.   Sekt. 12. VIII.
85. K.-L. 1,62. Sch.-B. 0,4.

L. d. Opt. R.: in situ 16, gestr. 23, Diff. 7.   L. d. Can. opt. 10,5.

L.: » » 14, » 22, » 8. » » » » 10,5.

Abst. d. Can. opt. 24,5.   Abst. d. Bulbi 50.

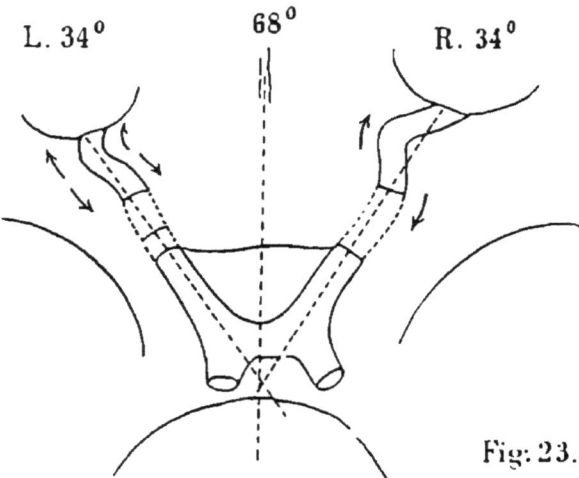

L. 34°   68°   R. 34°

Fig. 23.

Verlauf der Sehnerven. R.: Der Sehnerv geht erst ein wenig nach
unten und aussen, dann mit nach vorn und innen aufsteigender Biegung, zuletzt fast horizontal nach aussen herüber zum Bulbus. L.: Erst
ein wenig nach aussen und unten, dann stark nach unten-aussen, zuletzt stark aufsteigend zum Bulbus.

Bei Bewegung des Auges nach unten-innen *keine Zerrung am
Optikus*, dabei Dehnung des unteren äusseren Randes der Optikusinsertion nach oben-aussen.

Starke Abmagerung.

24. Fall.*

B., Elisabeth, 55 J., von M. Nephritis. Vereiterung der Blase und des Uterus. Sekt. 14. X. 85. K.-L. 1,58. Sch.-B. 0,37. L. d. Opt. R.: in situ 17, gestr. 24, Diff. 7. L. d. Can. opt. 6. L.: » » 16, » 24, » 8. » » » ‹ 7. Abst. d. Can. opt. 26. Abst. d. Bulbi 51.

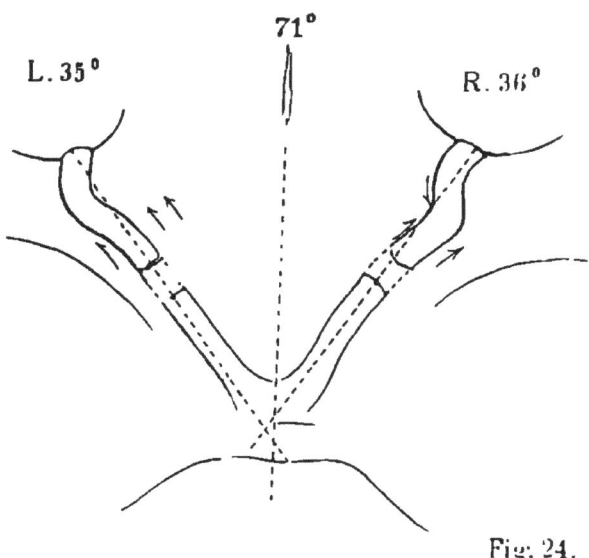

Fig. 24.

Verlauf der Sehnerven. R.: Nach Austritt aus Canal. optic. stark nach oben und etwas nach aussen, dann Biegung nach vorn-innen-unten, zuletzt mit leichter Biegung nach aussen zum Bulbus. L.: Nach Austritt aus Can. opt. steil nach oben und etwas nach aussen, dann rasch umbiegend und ziemlich gerade nach vorn verlaufend.

Insertionsstelle am Bulbus liegt beiderseits etwas höher als Can. opt.

Werden die Augen nach unten-innen rotiert, *keine Zerrung am Optikus.*

An der excidierten hinteren Bulbushälfte erscheint rechts die *Papille nahezu rund.*

25. Fall.

L.., August, 24 J., Tapezier von X. Phthis. pulm. Ex.
18. XII. 85. X. 5, Sekt. 19. XII. N. 2. K.-L. 1,77. Sch.-B. 0,37.
L. d. Opt. R.: in situ 18,5. gestr. 25, Diff. 6,5. L. d. Can. opt. 13,5.
L.: » » 20, » 28, » 8,0. » » » » 12,5.
Abst. d. Can. opt. 19. Abst. d. Bulbi 49.

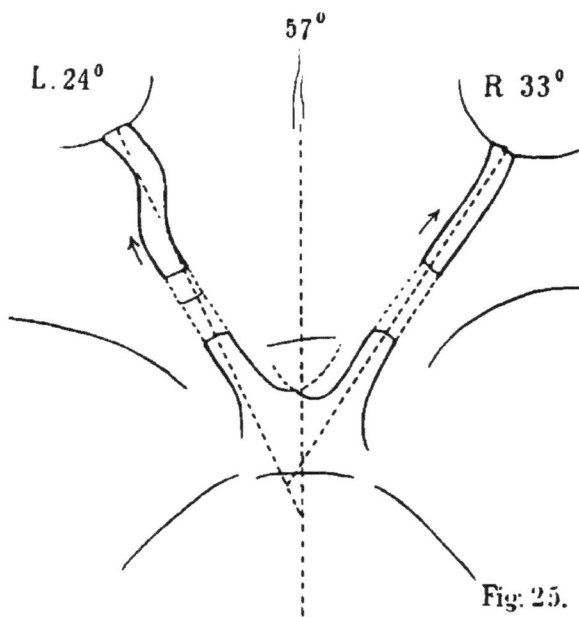

57°

L. 24°   R 33°

Fig. 25.

Verlauf der Sehnerven. R.: Im Canal. optic fast horizontal nach
aussen vorn, dann stärker nach oben-aussen, zuletzt fast horizontal
nach vorn zum Bulbus. L.: Im Canal. optic. fast horizontal nach
aussen-vorn, dann stark nach oben-vorn, mit leichter Biegung (Konvexität nach oben-innen) nach aussen zum Bulbus. Es macht den Eindruck, als sei der Sehnerv um seine Längsachse gedreht (in der Richtung von innen nach aussen).

R. Bulbus: Sagittaldurchmesser 23,5.

Werden die Augen nach innen-unten rotiert, so wird der *Sehnerv*
rechts eben gestreckt, *links* nicht ganz gestreckt.

R. A. Hornhautfleck. Vordere Synechie.

26. F a l l. *

K., E d u a r d, 62 J., Taglöhner von M. Bauchfelltuberkulose.
Ex. 23. III. 87. N. 7. Sekt. 24. III. N. 2. K.-L. 1,68. Sch.-B. 0,33.
L. d. Opt. R.: in situ 16, gestr. 22, Diff. 6. L. d. Can. opt. 9.
L.: » » 15, » 23, 8. » » » » 8.
Abst. d. Can. opt. 26,5. Abst. d. Bulbi 53.

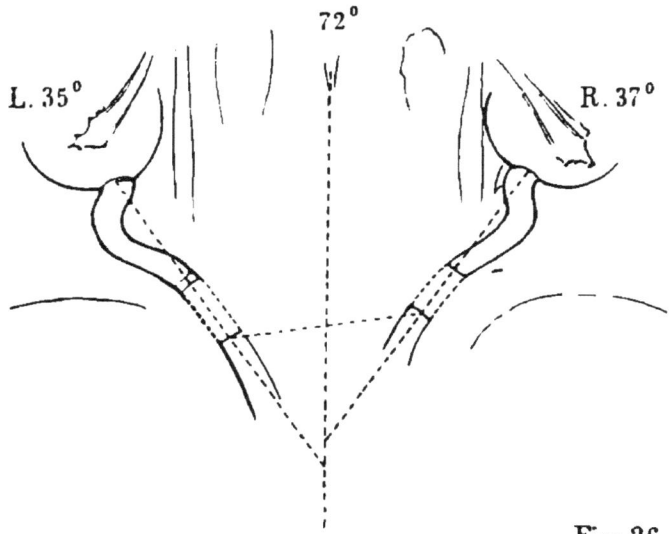

Fig. 26.

Verlauf der Sehnerven. R.: Erst ein wenig nach unten und aussen, dann horizontal nach vorn, zuletzt etwas nach aussen und ein wenig geneigt. L.: Nahezu horizontal, erst stark nach aussen, dann nach innen zum Bulbus.

Canal. optic. R. ein klein wenig höher als Insertion am Bulbus. L. in gleicher Höhe.

Schädel: Sagittald. 198. Querd. 140. Diagonald. 186 R. u. L.

Orbita-Eingang: Breite 34, Höhe 34 R. u. L.

R. Bulbus: Sagittald. c. 23.

Werden die Obliqui in der Ruhelage angespannt, so wird der hintere äussere Bulbusabschnitt etwas nach oben-innen gezogen. Gleichzeitig damit wird in gleichem Sinn die Eintrittsstelle des Sehnerven mitbewegt.

Werden die Augäpfel nach innen-unten gerollt, so wird der *Sehnerv noch nicht einmal ganz gestreckt.* Wird alsdann der Obliquus angespannt, so wird der hintere äussere Bulbusabschnitt nach oben-innen gezogen, der Sehnerv dabei nicht gezerrt. — Die *Papille* erscheint an dem hinteren Abschnitt des linken Auges *nahezu rund.*

---

*) Bei den Sektionen wurde die Orbita mit einem gewöhnlichen Zirkel gemessen. Zu Messungen am Lebenden verwende ich einen Zirkel, dessen Spitzen mit kleinen Knöpfen armiert sind.

27. Fall.**

O., Friedrich, 23 J., Taglöhner v. H. Phthis. pulm. Ex.
2. X. 85. V. 1. Sekt. 3. X. 85. N. 2. K.-L. 1,8. Sch.-B. 0,43.
L. d. Opt. R.: in situ 18, gestr. 23, Diff. 5. L. d. Can. opt. 9.
L.: » » 19, » 27, » 8. » » » » 9.
Abst. d. Can. opt. 20,5. Abst. d. Bulbi 49,5.

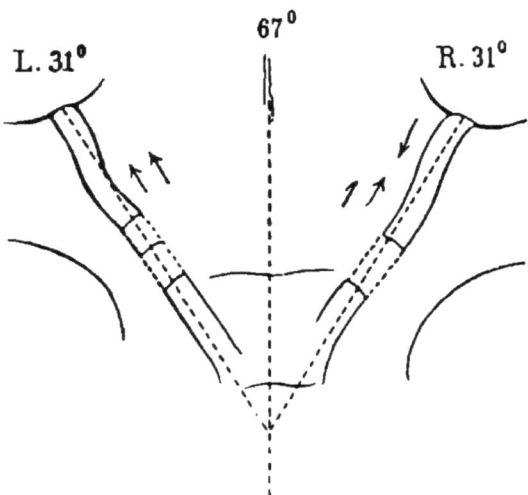

Fig. 27.

Verlauf der Sehnerven. R.: Im Can. opt. nach unten-aussen, nach
Austritt aus diesem stark nach oben und ein wenig nach aussen,
zuletzt ein wenig nach unten geneigt zum Bulbus. L.: Im Canal.
optic. nach unten-aussen; dann stärkere Biegung nach oben-aussen und
ziemlich gerade zum Bulbus.

Canal. optic. beiderseits tiefer als Insertionsstelle am Bulbus.

Bei Bewegung nach unten-innen *links Streckung, rechts mässige
Zerrung am Optikus.*

28. Fall.

G., Jakob, 51 J., Taglöhner von M. Carcinom. ventric.
Ex. 20. V. 86. V. 3. Sekt. 20. V. N. 2. K.-L. 1.72. Sch.-B. 0,4.
L. d. Opt. R.: in situ 16, gestr. 23,5. Diff. 7,5. L. d. Can. opt. 10.
    L.: » » 16, » 23,5, » 7,5. » » » » 10.
Abst. d. Can. opt. 24,5. Abst. d. Bulbi 58.

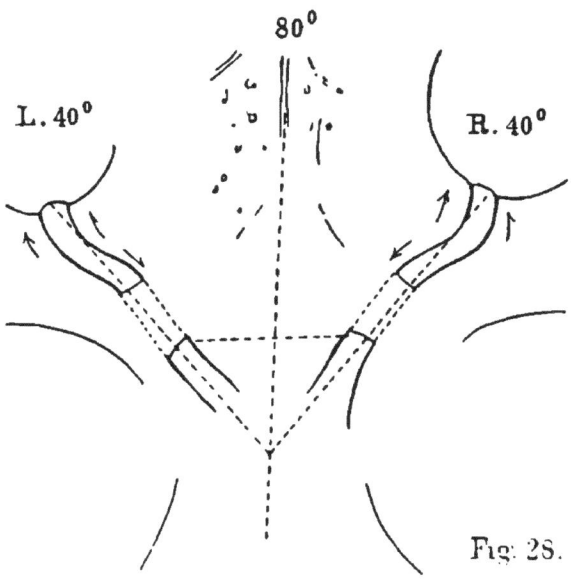

Fig. 28.

Verlauf der Sehnerven. R.: Erst ein wenig nach aussen und unten dann gerade nach vorn, zuletzt stark aufsteigend zum Bulbus. L.: Erst ein wenig nach aussen und unten, dann steil nach oben-aussen mit kurzem Knie umbiegend zum Bulbus.

Canal. optic. etwas tiefer als Insertion am Bulbus.

Bei Bewegung der Augen nach innen-unten *Nerv rechts gestreckt. links nicht ganz.*

Länge des herausgenommenen rechten Auges mit Zirkel gemessen gut 24 Mm. Aequat.durchm. 24.

Starke Abmagerung. Augen tief eingesunken. Refraktion zu Lebzeiten ophthalmoskopisch bestimmt.

R.A.: Refraktion H bis E. Ophthalmoskop. Bild der Papille normal.

29. Fall.*

B., Katharine, 19 J., Dienstmagd von B. Phthis. pulm.
Ex. 10. XI. 85. N. 4. Sekt. 11. XI. N. 2. K.-L. 1,57. Sch.-B. 0,38.
L. d. Opt. R.: in situ 18,   gestr. 25,5, Diff. 7,5. L. d. can. opt. 8.
   L.: » » 19,5, 26, » 6,5. » » » » 8.
Abst. d. Can. opt. 23,5. Abst. d. Bulbi 48.

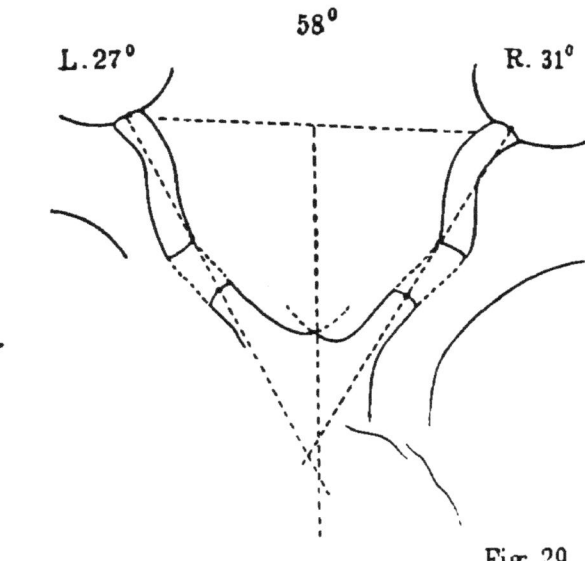

Fig. 29.

Verlauf der Sehnerven. R.: Im Canal. opt. nahezu horizontal nach
aussen, nach Austritt aus diesem nach innen-vorn, zuletzt nach aussen
herüber zum Bulbus. L.: Verlauf nahezu horizontal. Erst leichte
Biegung nach aussen, dann leichte Biegung nach innen.

Can. opt. nahezu in gleicher Höhe wie Optikusinsertion am Bulbus.

Bei Bewegungen des Auges nach unten-innen wird der *Sehnerv*
nicht gerade gezerrt, aber gestreckt, rechts weniger.

Rechts erscheint die *Eintrittsstelle* der Centralgefässe an dem excidierten hinteren Bulbusabschnitt *näher dem inneren Rande der Papille.*

30. Fall.**

K., Jakob, 51 J., Steinsetzer von Z. Phthis. pulm. Ex.
11. 1. 86. Sekt. 12. I. N. 2. K.-L. 1,82. Sch.-B. 0,42.
L. d. Opt. R.: in situ 15, gestr. 20,5, Diff: 5,5. L. d. Can. opt. 12.
L.: » » 15, » 22,5, » 7,5. » » » » 11.
Abst. d. Can. opt. 27. Abst. d. Bulbi 59.

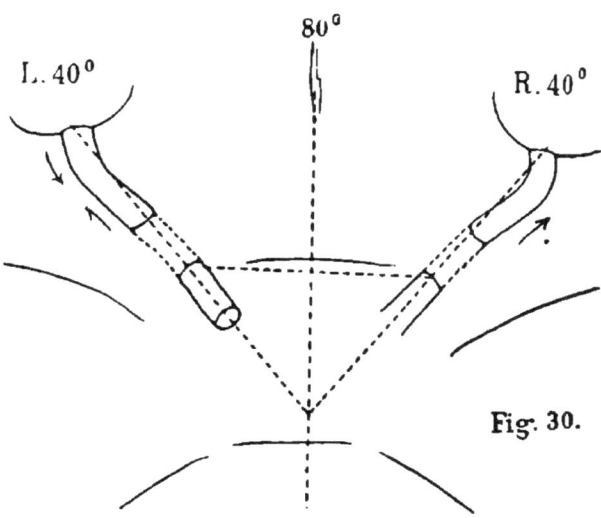

Fig. 30.

Verlauf des Sehnerven. R.: Erst nach aussen-vorn, dann leicht
aufsteigend nach aussen-vorn, dann ziemlich horizontal gerade nach
vorn, zuletzt ein wenig nach innen und dabei etwas nach unten geneigt. Dabei erscheint im letzten Abschnitt dicht hinter dem Bulbus
der Sehnerv von innen nach aussen wie gedreht. L.: Nach Austritt
aus dem Canal. optic. nach aussen-vorn aufsteigend, dann ziemlich horizontal nach aussen-vorn zum Bulbus.

Canal. optic. etwas höher als Insertion am Bulbus.

Wird der Bulbus nach unten-innen rotiert, so wird der *Sehnerv
links knapp abgerollt, nicht gezerrt.*

An dem excidierten hinteren Bulbusabschnitt erscheint *links* die
Papille rund.

31. Fall.**

Sp., August, 68 J., Musiker von B. Lungenemphysem.
Ex. 23. III. 87. N. 3. Sekt. 24. III. N. 2. K.-L. 1,71. Sch.-B. 0,45.
L. d. Opt. R.: in situ 22,5, gestr. 30, Diff. 7,5. L. d. Can. opt. 9.
L.: » » 23, » 28,5, » 5,5. » » » » 11.
Abst. d. Can. opt. 23. Abst. d. Bulbi 53.

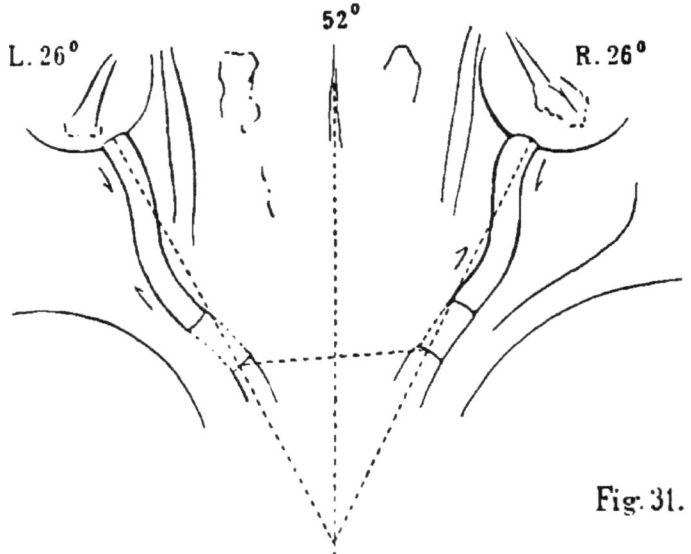

L. 26° 52° R. 26°

Fig. 31.

Verlauf der Sehnerven. R. u. L. beiderseits ziemlich gleich. Erst
aufsteigend und etwas nach aussen, dann ziemlich gerade nach vorn
und fast horizontal. Zuletzt nach dem Bulbus zu etwas nach aussen
und etwas nach unten.

Schädel: Sagittald. 182. Querd. 147. Diagonald. 180 R., 175 L.
Orbita-Eingang: Breite 40, Höhe 34. R. u. L.

R. Bulbus: Sagittald. c. 22,5. Aequat.d. c. 23. Bulbus flach gebaut.

Werden die Obliqui angespannt, so wird der hintere Bulbusabschnitt etwas nach oben-innen gezogen, die Eintrittsstelle des Sehnerven
in gleichem Sinn ein wenig mitbewegt.

Werden die Bulbi nach unten-innen gerollt, so werden die *Sehnerven nicht gezerrt.* Werden alsdann die Obliqui angespannt, so wird
der hintere äussere Bulbusabschnitt etwas nach oben-innen gezogen und
die Eintrittsstelle des Sehnerven etwas mitbewegt, aber nicht gezerrt.

Die *Papille* erscheint an dem excidierten hinteren Bulbusabschnitt
links *nahezu rund.*

Bei einer Anzahl Abbildungen ist das Verhalten der Insertion und des Verlaufes des Musq. obliquus sup. sowie die Insertion des Rect. super. angegeben *). Hierzu sei bemerkt, dass, was die Obliquusinsertion betrifft, es bisweilen nicht leicht ist, diese aufzuzeichnen, indem von der äusseren Fläche der Obliquussehne nicht selten feine Zipfel zur Sklera gehen, welche deutlicher hervortreten, wenn man die Obliquussehne leicht aufhebt. Es erhält dadurch die Ansatzlinie eine etwas unregelmässige Gestalt. Hat man den Bulbus herausgenommen und die Obliquussehne umgeschlagen, so erscheint die Insertion dagegen fast immer als eine regelmässige Bogenlinie, wenn man von den gerade nicht seltenen Fällen absieht, in denen der Obliquus sich mit 2 getrennten Köpfen inseriert *).

Was ferner den dargestellten Verlauf der Obliquussehne betrifft, so setzt die Zeichnung voraus, dass die Sehne aus den festen flächenförmigen Verbindungen, welche besonders stark nach dem Rectus superior zu sind, herauspräpariert ist.

Dass der Canal. opticus auf beiden Seiten häufig ungleich gefunden wird, erklärt sich in vielen Fällen daraus, dass der hintere knöcherne Begrenzungsrand des Canal. opticus eine mehr oder weniger tiefe Incisur hat.

Wie aus nachstehender Zusammenstellung ersichtlich ist, war in 19 Fällen das Abrollungsstück des Sehnerven auf der einen Seite nicht grösser als 7 Mm., es gehören diese Fälle daher nur mit der einen Seite zu Gruppe I. Zu bemerken ist dabei aber, dass in 8 dieser Fälle die Grösse des Abrollungsstücks 7 Mm. betrug, dass dasselbe also nur wenig kleiner war. Bei aller Sorgfalt, mit der diese Messungen vorgenommen wurden, sind aber Messungsfehler von ½ Mm. und selbst darüber nicht ausgeschlossen. In 2 Fällen war das Abrollungsstück auf der einen Seite nur 6,5, in 5 Fällen nur 6, in 2 Fällen nur 5,5 und in 2 Fällen nur 5 Mm. gross. 43 mal war demnach das Abrollungsstück des Sehnerven gross, 15 mal mittelgross (somit zu Gruppe II gehörig) und 4 mal klein (zu Gruppe III gehörig).

*) An den herausgenommenen Bulbis wurden die Muskelinsertionen mit einem Zeichnenapparat aufgezeichnet.

Uebersichtliche Zusammenstellung der gefundenen Messungswerte.

Fortlaufende Nro.	Direkter Abstand von Foramen optic. bis zur Insertion am Bulbus.	Länge des leicht gestreckten Sehnerven.	Differenz zw. direktem Abstand und Länge des Sehnerven.	Entfernung von hinteren knöchernen Begrenzungs- rand des Canal. optic. bis zur Verwachsungsstelle des Nerven mit Nervenscheide.	Entfernung der Can. opt. gemessen v. Mitte des hint. knöch. Begrenzungsrandes	Abstand der beiden Bulbi gemessen von d. Insertion des Sehnerven am Bulbus.	Winkel, den die beiden Sehnerven mit einander bilden, in Graden:	Winkel, den der Sehnerv mit der Mittellinie bildet, in Graden:	
								Rechts	Links
1.	2.	3.	4.	5.	6.	7.	8.	9	10.
1.*	15	25	10	9	22	50	80	42	38
	15	27	12	9					
2.	15	24,5	9,5	9,5	23,5	57	82	45	37
	14,5	24,5	10	8					
3.	17	24,5	7,5	9,5	23	44	48	19	29
	15,5	25	9,5	9,5					
4.	17,5	27	9,5	9,5	21	59	80	41	39
	18	27	9	9					
5.	18	25	7	9	21	56	65	37	28
	17	25	8	9					
6.	16	25,5	9	9	20,5	48	63	30	33
	18,5	25,5	7	9					
7.	16	25	9	7	24	51	65	30	35
	16	24	8	7					
8.	16,5	25,5	9	11,5	20	50	63	28	35
	18,5	26	7,5	11					
9.	20	26	6	10	25,5	55,5	60	26	34
	18	27	9	11					
10.	15	20	5	9	27	57	87	40	47
	17	26	9	8					
11.	15	23,5	8,5	7	30	56,5	75	33	42
	14,5	23	8,5	7,5					
12.	16	24,5	8,5	9	25,5	49,5	72	35	37
	15	23	8	7					
13.	15	22	7	11	22,5	50	61	35	26
	16	24,5	8,5	10,5					
14.	15	22	7	10	24	54	73	37	36
	15,5	24	8,5	10					
15.	20	26	6	7	20	49	69	36	33
	17,5	25,5	8,5	7					
16.	18	26,5	8,5	12	15,5	50	66	31	35
	17	23	6	13,5					
17.	17	25,5	8,5	11	27,5	57	68	35	33
	20	26	6	11					
18.	14	22	8	12,5	22	49,5	79	39,5	39,5
	14	22	8	12					

*) Die doppelten Zahlen in jeder Columne beziehen sich auf die rechte und linke Seite.

1.	2	3.	4.	5.	6.	7.	8.	9.	10.
19.	18	26	8	10	24,5	55	65	37	28
	18,5	26,5	7	15,5					
20.	16,5	24	7,5	10	10	48	60	30	30
	16	24	8	11					
21.	19	27	8	8	24	51,5	63	33	30
	19	26	7,5	9					
22.	18	26	8	9	22	53	80	43	37
	19,5	26,5	7	9					
23.	16	23	7	10,5	24,5	50	68	34	34
	14	22	8	10,5					
24.	17	24	7	6	26	51	71	36	35
	16	24	8	7					
25.	18,5	25	6,5	13,5	19	49	57	33	24
	20	28	8	12,5					
26.	16	22	6	9	26,5	53	72	37	35
	15	23	8	8					
27.	18	23	5	9	20,5	49,5	62	31	31
	19	27	8	9					
28.	16	23,5	7,5	10	24,5	58	80	40	40
	16	23,5	7,5	10					
29.	18	25,5	7,5	8	23,5	48	58	31	27
	19,5	26,5	6,5	8					
30.	15	20,5	5,5	12	27	59	80	40	40
	15	22,5	7,5	11					
31.	22,5	30	7,5	9	23	53	52	26	26
	23	28,5	5,5	11					
Mittel:	16,9	24,72	7,8	9,66	23,2	52,2	68,6	34,5	34,05

Bei *grossem* Abrollungsstück wurde niemals Zerrung beobachtet, 32 mal wurde hier bei Bewegung des Auges nach unten-innen der Sehnerv noch nicht einmal völlig gestreckt, 11 mal knapp gestreckt. Die Papille wurde in allen diesen Fällen ausnahmslos rund oder nahezu rund gefunden.

Auch bei *mittelgrossem* Abrollungsstück wurde der Nerv nie gezerrt, 9 mal nicht ganz und 6 mal mehr oder weniger stark gestreckt. Die Papille wurde teils rund, teils etwas verbreitert gefunden. Bei mehreren Fällen fehlt die betreffende Angabe.

Bei *kleinem* Abrollungsstück wurde 2 mal deutliche Zerrung beobachtet, einmal fehlt die betreffende Angabe. Im 4ten Fall war keine Zerrung zu bemerken. In diesem letzteren Fall (Fall 31) betrug die Länge des Abrollungsstücks 5,5 Mm. und der Sehnerv war lang. In dem einen Fall, in welchem Zerrung beobachtet wurde, ist auch angegeben, dass die Papille nicht rund war.

Was die Angaben über das Aussehen der Papille betrifft, so beziehen sich diese auf das Betrachten mit freiem Auge bezw. auch wohl mit schwacher Loupe entweder direkt nach der Herausnahme, wenn noch Glaskörpermasse den hinteren Abschnitt erfüllte, oder nachdem das excidierte Bulbusstück unter Wasser gebracht war, was weniger gut ist, da das Gewebe sich unter Wasser rasch trübt. Gelegentlich erkennt man auch ganz gut das Verhalten der Papille, wenn man den hinteren Bulbusabschnitt gegen das Licht hält. Richtig mag sein, dass bei Kadaveraugen — wie immer auch die betreffenden Untersuchungen angestellt sein mögen — geringgradige Veränderungen an der Papille nicht konstatiert werden können, wie z. B. Herüberziehung am inneren Rande und Verbreiterung des Skleralrings am äusseren etc. — Veränderungen, die man bei der Augenspiegeluntersuchung bei durchsichtigen Medien und klarer Netzhaut in der 15fachen Vergrösserung des Augenspiegelbildes leicht sehen kann. Zu deren Erkennen gehört die mikroskopische Untersuchung, deren Ergebnis später mitgeteilt werden wird. Jedenfalls scheint mir aus der Zusammenstellung der Gruppe I das hervorzugehen, dass, wenn das Abrollungsstück des Sehnerven lang ist, bei Bewegungen des Auges im allgemeinen keine Zerrung an der Eintrittsstelle des Sehnerven auftritt, dass sehr gewöhnlich sogar das disponible Abrollungsstück noch nicht einmal vollständig abgerollt wird, und dass dann, wenn keine Zerrung zur Beobachtung kommt, die Papille auch normal gefunden wird.

In 12 Fällen ist annähernd genau, nach Messung des frisch enukleierten Auges mittelst eines Zirkels, auch die Länge desselben angegeben. 7 mal ist sie kleiner als 24, 3 mal beträgt sie c. 24, einmal 24—25 Mm. Besonders erwähnt sei noch, dass in den beiden zu Gruppe I gehörigen Fällen, welche zu Lebzeiten ophthalmoskopiert werden konnten (Fall 6 und 28), die Papille normal und die Refraktion schwach hypermetropisch gefunden wurde.

Die nächste Gruppe enthält die Fälle, in denen das Abrollungstück 7, 6,5 und 6 Mm. gross war. Auch hier wieder ergab sich bei der Einteilung die Schwierigkeit, dass sehr häufig das Abrollungsstück auf beiden Seiten merklich verschieden gefunden wurde. Der einzelne Fall liess sich auch hier nicht gut trennen und mit je einer Seite in eine andere Gruppe einteilen. Es schien dies — schon mit Rücksicht auf die beigefügte Zeichnung — unzweckmässig, doch muss bei Beurteilung der in der Gruppe II enthaltenen Befunde, wie dies oben schon bei Gruppe I bemerkt wurde, so auch hier wieder der Umstand wohl berücksichtigt werden, dass darin eine Anzahl Fälle enthalten ist, die nur zur Hälfte zu derselben gehören.

II. Gruppe.

Mittelgrosses Abrollungsstück (grösser als 5,5 und kleiner als 7,5). Bei Bewegungen des Auges wird der Sehnerv im Allgemeinen mehr oder weniger vollkommen gestreckt. Die Papilla nervi optici wird häufig etwas querüber verzogen gefunden.

32. Fall.

F., Heinrich, 26 J., Maurer von Z. Typhus. Lungengangrän. Ex. 12. X. 86. V. 11. Sekt. 13. X. N. 2. K.-L. 1,78. Sch.-B. 0,42. L. d. Opt. R.: in situ 15, gestr. 22, Diff. 7. L. d. Can. opt. 8. L.: » » 15,5, » 22, » 6,5. » » » » 11. Abst. d. Can. opt. 24,5. Abst. d. Bulbi 51,5.

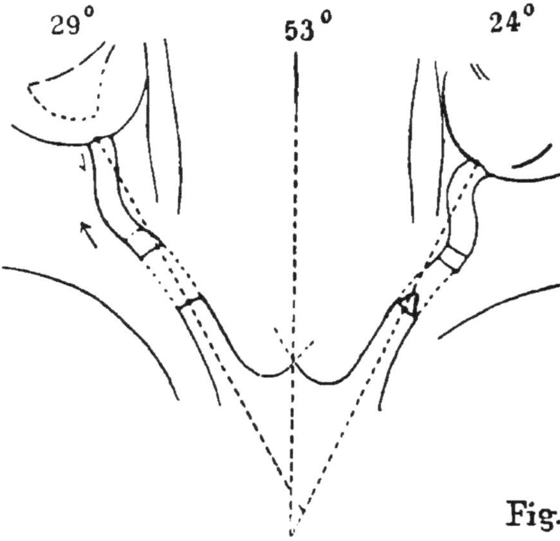

29°   53°   24°

Fig. 32.

Verlauf der Schnerven. R.: Nahezu horizontal. Nach Austritt aus dem Can. opt. nach innen, mit Biegung unweit hinter dem Bulbus (Konvexität nach innen) nach aussen-vorn zum Bulbus. L.: Nach Austritt aus dem Can. opt. nach aussen-oben, dann nahezu gerade nach vorn. Zuletzt mit leichter Neigung zum Bulbus. — Can. optic. R. in gleicher Höhe, L. ein wenig tiefer als Insertionsstelle am Bulbus. — Werden die Bulbi nach innen-unten rotiert, so wird links der *Sehnerv knapp gestreckt*, rechts nicht. Wird bei Geradestellung des Auges der M. obliq. sup. des linken Auges angezogen, so wird der Bulbus etwas nach vorn-oben-innen gezogen, der Sehnerv *dabei etwas mit angespannt*. — Wird erst das Auge nach unten-innen gedreht und dann der Obliquus angezogen, so wird alsdann der Sehnerv weniger dabei angespannt. — Länge d. l. A.: c. 24 Mm. Wird die *Papille* des rechten Auges makroskopisch (gegen das Licht gehalten) betrachtet, so erscheint sie *rund*. Gefässeintrittsstelle central.

33. Fall.

Ed., Adam, 29 J., Fabrikarbeiter von N. Schwere Verletzung. Ex. 4. II. 86. N. 8. Sekt. 6. II. 86. N. 2. K.-L. 1,75. Sch.-B. 0,54.

L. d. Opt. R.: in situ 19, gestr. 26, Diff. 7. L. d. Can. opt. 11.5.

L.: » » 19,5, » 26, » 6,5. » » » » 11.

Abst. d. Can. opt. 24,5. Abst. d. Bulbi 53.

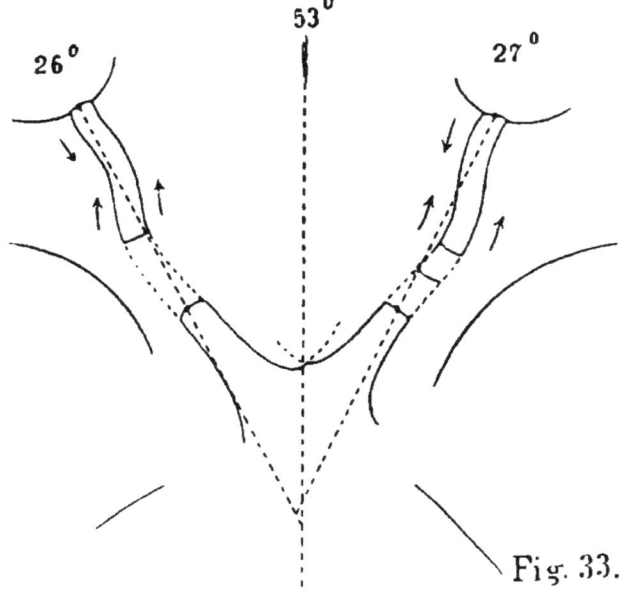

Fig. 33.

Verlauf des Sehnerven. R. u. L. ziemlich gleicher Verlauf. Im Grossen und Ganzen nach aussen und vorn, dabei Biegung nach oben und aussen; erst stark aufsteigend, nach dem Bulbus zu wieder absteigend.

Canal. optic. R. ein klein wenig höher, L. nahezu gleich hoch wie Insertionsstelle.

Bei Bewegung nach innen-unten *kaum Spannung der Sehnerven.* R. Eintrittsstelle der Gefässe etwas näher dem inneren Rande. *Papille nahezu rund.*

Blutung in der Conjunktiva. Blutung in die Orbita. Nach Eröffnung der Periorbita drängt sich das Orbitalgewebe vor.

Rippen-, Bein-, Armbruch. Symphyse gelöst. Blutung in den Brustraum.

34. Fall.

B., Albert, 55½ J., Schiffer von I. Gehirnkrankheit, rechts-
seitige Lähmung. Ex. 22. XI. 85. N. 5. Sekt. 23. XI. N. 2.
K.-L. 1,6. Sch.-B. 0,42.
L. d. Opt. R.: in situ 14, gestr. 21, Diff. 7. L. d. Can. opt. 12.
L.: » » 17, » 23, » 6. » » » » 10,5.
Abst. d. Can. opt. 22,5. Abst. d. Bulbi 59.

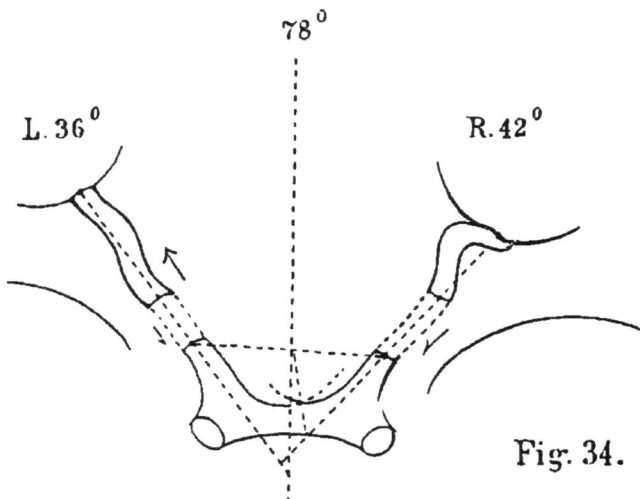

Fig. 34.

Verlauf der Sehnerven. R.: Im Can. optic. nach unten-aussen, dann
horizontal nach vorn mit starker Biegung nach aussen. Der rechte
Sehnerv dünn. L.: Im Canal. optic. nach unten und aussen; dann
stark nach oben und etwas nach aussen, zuletzt fast horizontal nach
aussen zum Bulbus.

Werden die Bulbi nach innen-unten rotiert, so werden die *Sehnerven gestreckt.*

Das Orbitaldach nach dem Schädelraum stark vorgebaucht. Aus
dem Hohlraum zwischen den weit auseinander gedrängten Knochen-
lamellen fliesst eine zähe, gelbe, ölige Masse aus.

Hat mit dem rechten Auge geschielt.

35. Fall.

K., Nikolaus, 33 J., Glaser von L. Phthis. pulmon. Ex.
14. X. 85. V. 4. Sekt. 14. X. N. 2. K.-L. 1,78. Sch.-B. 0,41.
L. d. Opt. R.: in situ 21,5, gestr. 27,5, Diff. 6. L. d. Can. opt. 10.
L.: » » 21, » 28, » 7. » » » » 10.
Abst. d. Can. opt. 25. Abst. d. Bulbi 56.

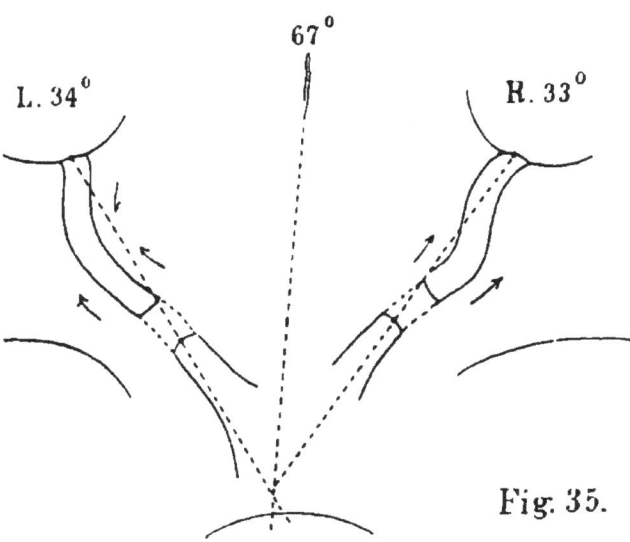

Fig. 35.

Verlauf der Sehnerven. R.: Nach Austritt aus dem Canal. optic. nach
aussen-oben, dann ziemlich gerade nach vorn, dabei ein wenig nach
unten geneigt. L.: Erst stark nach oben-aussen, dann ziemlich gerade
nach vorn, dabei ein wenig nach unten geneigt. Dicht hinter dem
Bulbus beiderseits geringe Aussenwendung.

Werden die Augen nach unten-innen rotiert, *keine erhebliche Zerrung am Sehnerven.*

An der ausgeschnittenen hinteren Bulbushälfte erscheint rechts die
Papille nahezu normal, die *Eintrittsstelle* der Gefässe etwas näher dem
inneren Rande.

36. Fall.

S., Johann, 41 J., Taglöhner von O. Icterus gravis. Ex.
27. VI. 85. N. 10. Sekt. 28. VI. K.-L. 1,43. Sch.-B. 0,33.
L. d. Opt. R.: in situ 24, gestr. 30, Diff. 6. L. d. Can. opt. —
L.: » » 21, » 28, » 7. » » » » —
Abst. d. Can. opt. 17. Abst. d. Bulbi 51,5.

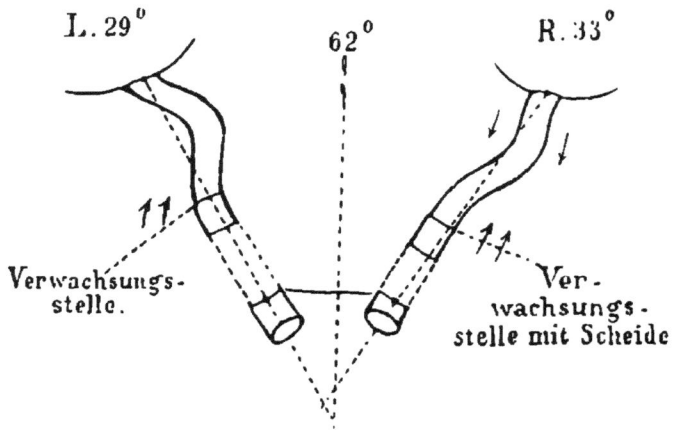

Fig. 36.

Verlauf der Sehnerven. R.: Von der Stelle der Verwachsung des
Nerven mit der Nervenscheide geht der Optikus erst stark nach aussen
und etwas nach oben, dann weniger stark nach aussen und etwas nach
unten geneigt zum Bulbus. L.: Nach Austritt aus dem Canal. optic. erst
stark nach oben und innen, dann herüber nach vorn und aussen und
ein klein wenig geneigt nach unten.

Wird der Bulbus nach unten-innen rotiert, so tritt *am Optikus keine
Zerrung* auf.

Wie alles Bindegewebe so auch die Sehnervenscheide intensiv gelb.
Nerv selbst ungefärbt.

37. Fall.

K., Barbara, 54 J., von M. Carcin. ventric. Ex. 22. VII.
85. V. 3. Sekt. 22. VII. N. 2. K.-L. 1,54. Sch.-B. 0,36.
L. d. Opt. R.: in situ 16,5, gestr. 22,5, Diff. 6. L. d. Can. opt. 7.
       L.: » » 15,5, » 22,5, » 7. » » » 9.
Abst. d. Can. opt. 29. Abst. d. Bulbi 51.

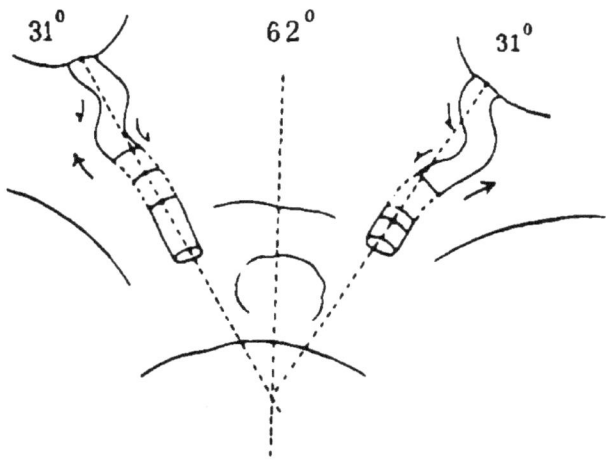

Fig. 37.

Verlauf der Sehnerven. R.: Erst nach aussen und ein klein wenig
nach unten, dann nach oben-aussen, dann etwas geneigt nach unten
und innen und schliesslich mit kurzer Biegung dicht vor dem Bulbus
an diesen heran nach aussen. Der Canal. opt. liegt nicht viel höher
als die Insertionsstelle am Bulbus. L.: Erst nach unten-aussen, dann
rasch nach oben-innen, ein Stück nach unten-innen, dann brüske Umbiegung nach aussen zum Bulbus. Die Insertionsstelle am Bulbus liegt
tiefer als der Canal. optic.

Die Augen können *ohne Zerrung* am Sehnerven ausgiebig in den
verschiedensten Richtungen rotiert werden.

Starke Abmagerung.

38. Fall. **

Th., Marie, 50 J., Taglöhnerin von E. Tumor abdom.
Ex. 9. IV. 86. V. 3. Sekt. 10. IV. N. 2. K.-L. 1,57. Sch.-B. 0,38.
L. d. Opt. R.: in situ 17, gestr. 22, Diff. 5. L. d. Can. opt. 11.
L.: » » 16, » 23, » 7. » » » » 11.
Abst. d. Can. opt. 21,5. Abst. d. Bulbi 56.

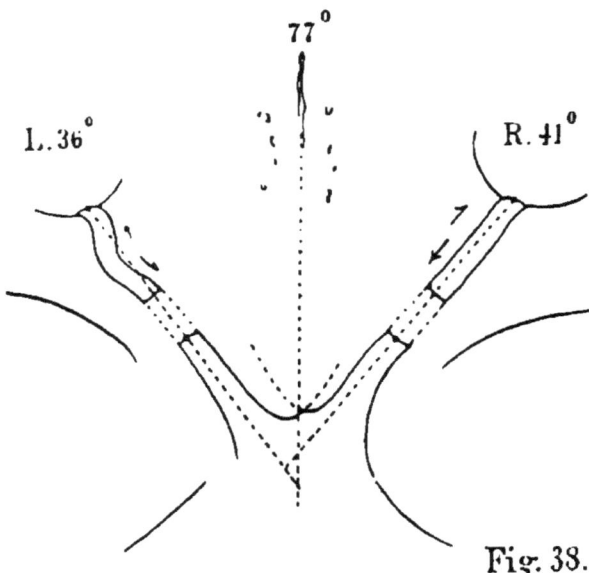

Fig. 38.

Verlauf der Sehnerven. R.: Verlauf im Grossen und Ganzen nach aussen vorn und unten, dabei starke Biegung nach unten. L.: erst stark nach unten-aussen, dann kurzes Stück ziemlich horizontal gerade nach vorn, zuletzt wieder etwas ansteigend nach aussen zum Bulbus. Dabei macht er den Eindruck, als ob eine Torsion von innen nach aussen statthätte.

Canal. optic. etwas höher als Insertion am Bulbus.

Bei Bewegung nach innen-unten wird *rechts der Sehnerv stark ge-streckt, links nicht einmal ganz abgerollt.*

Länge des linken Auges == c. 24 Mm. Zu Lebzeiten wurde die Refraction ophthalmoskopisch bestimmt.

Ophthalmosk. Befund: Refraction: Emmetropie. Die Papille er-scheint ziemlich normal. Physiologische Exkavation. Am temporalen Rand nach oben stärkerer Pigmentsaum.

39. Fall. **

M., Jakob, 56 J., Taglöhner von M. Phthis. pulm. Ex.
2. XI. 86. V. 11. Sekt. 3. XI. N. 2. K.L. 1,6. Sch.-B. 0,35.
L. d. Opt. R.: in situ 14, gestr. 18,5. Diff. 4,5. L. d. Can. opt. 12.

L.: » 15, » 22, » 7. » » » » 11,5.

Abst. d. Can. opt. 18. Abst. d. Bulbi 48.

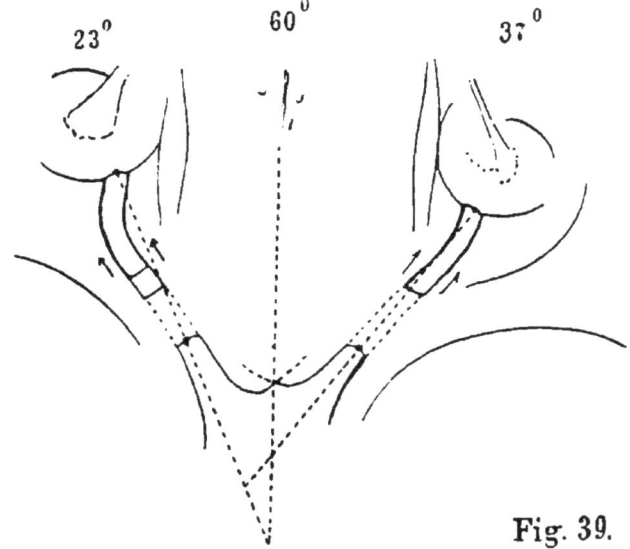

Fig. 39.

Verlauf der Sehnerven. R.: Nach Austritt aus dem Canal. optic.
nach aussen und stark nach oben, dann nahezu horizontal zum Bulbus. L.: Erst stark nach oben und etwas nach aussen, dann gerade
nach vorn horizontal zum Bulbus.

Die Can. opt. tiefer als die Eintrittsstelle des Optikus am Bulbus.

Die Insertion des Obliq. super. rechts unregelmässig, nicht in Form
einer zusammenhängenden Bogenlinie, sondern mit vorspringenden
Zipfeln, links bogenförmig. Am rechten Auge Abstand des mittleren
Teils der Insertion, zu dem die Sehnenfortsetzung geht, von der Eintrittsstelle des Optikus = c. 12 Mm.

Werden die obliqui angespannt, so setzt sich der Zug der Sehnen
auf den hinteren äusseren Abschnitt des Bulbus fort. Dieser wird
dabei nach oben vorn und innen gezogen bezw. gerollt, dabei bildet
sich in der Richtung der Sehne eine leiche Furche, besonders deutlich
am linken Auge. — Am rechten Auge ist dabei etwas Zerrung, wenn
auch in geringem Grade, an der Eintrittsstelle des Sehnerven zu bemerken, während der Sehnerv am linken Auge vollkommen ruhig bleibt.

Werden die Bulbi nach unten-innen rotiert, so wird dabei der *Sehnerv links noch nicht einmal gestreckt, rechts nur wenig gespannt.*

Länge des rechten Auges, mit Zirkel gemessen = c. 24 Mm.

An dem excidierten hinteren Bulbusabschnitt links erscheint die
Papille rund.

40. Fall.**

H., K a r l, 58 J., Taglöhner von J. Oesoph. carcinom. Ex.
24. I. 86. N. 9. Sekt. 25. I. N. 2. K.-L. 1,79. Sch.-B. 0,4.
L. d. Opt. R.: in situ 21,5, gestr. 27, Diff. 5,5. L. d. Can. opt. 11.
L.: » » 20,5, » 26,5, » 6. » » » » 13.
Abst. d. Canal. opt. 18. Abst. d. Bulbi ca. 57.

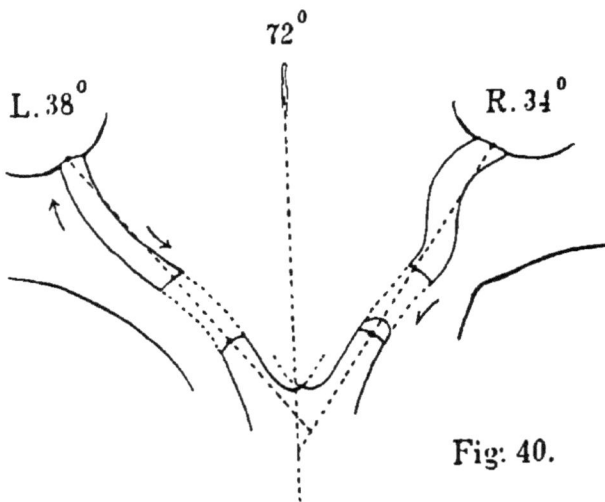

Fig. 40.

Verlauf der Sehnerven. R.: Im Canal. optic. nach aussen und
vorn, dabei ein klein wenig nach unten geneigt; in der Orbita ziemlich horizontal, erst nach innen-vorn, dann nach aussen umbiegend
(Konvexität des Bogens nach innen). L.: Richtung im Grossen und
Ganzen nach aussen und vorn. Nach Austritt aus dem Canal. optic.
ziemlich steil abfallend, nach dem Bulbus zu wieder stark aufsteigend.

Bei Bewegung nach unten-innen werden die *Sehnerven gestreckt,*
sogar etwas gezerrt, rechts mehr als links.

An dem excidierten hinteren Bulbusabschnitt erscheint *die Eintritts-*
stelle des Sehnerven rechts (gegen das Licht gehalten) *etwas querüber*
verzogen. Die Eintrittsstelle der *Gefässe liegt dem inneren Rande* etwas näher.

41. Fall.

G., Nikol., 28 J., Schlosser von D. Phthis. pulm. Ex. 26.
I. 86. N. 9. Sekt. 27. I. N. 2. K.-L. 1,74. Sch.-B. 0,39.
L. d. Opt. R.: in situ 17,5, gestr. 23,5, Diff. 6. L. d. Can. opt. 11.
L.: » » 16, » 22,5, » 6,5. » » » » 10,5.
Abst. d. Can. opt. 19. Abst. d. Bulbi 47.

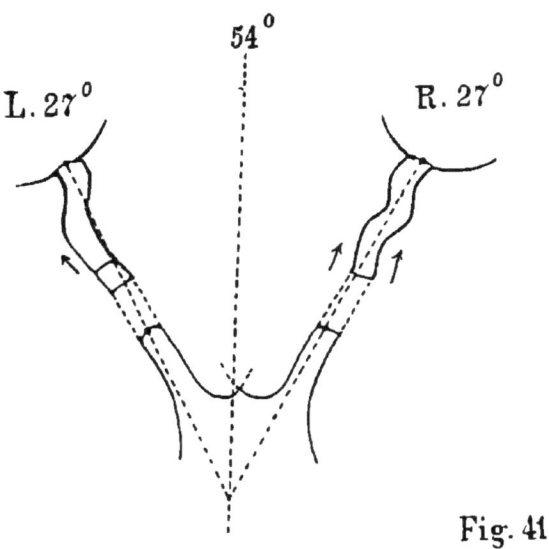

Fig. 41.

Verlauf der Sehnerven. R.: Nach Austritt aus dem Canal. optic.
steil aufsteigend, dann nach aussen-vorn, zuletzt mit leichter Biegung
(Konvexität nasalwärts) zum Bulbus. Dabei macht es den Eindruck,
als sei der ganze Sehnerv (von der ersten Biegungsstelle an) von innen
nach aussen um seine Längsachse gedreht. Canal. optic. tiefer als
Insertion am Bulbus. L.: Nach Austritt aus dem Canal. optic. leicht
nach oben-aussen, dann ziemlich horizontal gerade nach vorn, zuletzt
etwas nach aussen zum Bulbus. Canal. optic. nicht viel tiefer als Insertion am Bulbus.

Werden die Bulbi nach innen-unten rotiert, so werden die *Sehnerven gestreckt,* aber *nicht* gezerrt, (rechts am wenigsten).

An dem excidierten Bulbusabschnitt erscheint *links die Papille
nahezu kreisrund.*

42. Fall.**

M., Peter, 73 J., Pfründner von M. Magencarcinom. Ex.
25. X. 85. Sekt. 26. X. K.-L. 1,63. Sch.-B. 0,43.
L. d. Opt. R.: in situ 17, gestr. 23,5. Diff. 6,5. L. d. Can. opt. 8,5.
　　L.: » » 18, » 23,5. » 5,5. » » » » —
Abst. d. Can. opt. 22. Abst. d. Bulbi 60.

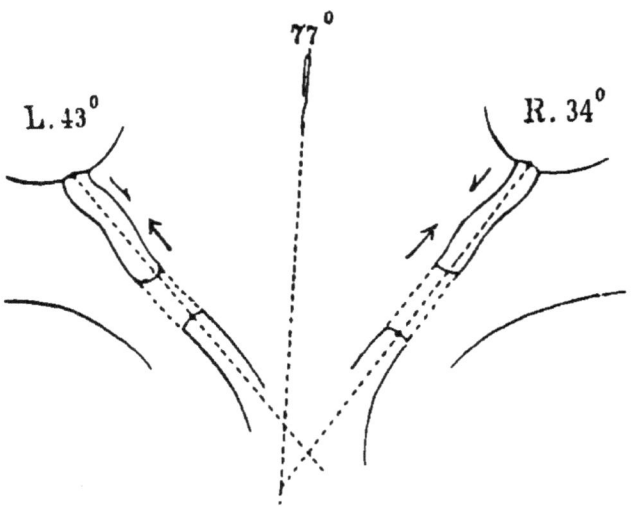

Fig. 42.

Verlauf der Sehnerven. R.: Im Canal. optic. nahezu horizontal
nach aussen; nach Austritt aus diesem stark nach oben und aussen,
dann leicht geneigt nach unten und etwas nach aussen zum Bulbus
L.: ungefähr der gleiche Verlauf.

Canal. optic. ein wenig tiefer als Insertionsstelle am Bulbus.

Werden die Bulbi nach unten-innen rotiert, so wird *etwas Zerrung* beobachtet.

An dem excidierten hinteren Bulbusabschnitt erscheint der Augengrund um die Papille herum sehr licht, in der Makulagegend dunkel.
In der Makula beiderseits eine kleine Hämorrhagie. *Die Papille erscheint
etwas nach aussen verzogen.*

43. Fall.**

H., Josef, 71 J., Makler von Oe. Nephritis. Ex. 25. VIII.
85. N. 11. Sekt. 26. VIII. N. 2. K.-L. 1,7. Sch.-B. 0,4.
L. d. Opt. R.: in situ 19, gestr. 25,5, Diff. 6,5. L. d. Can. opt. 9.
   L.: » » 19, » 24,5, » 5,5. » » » » 9.
Abst. d. Can. opt. 20. Abst. d. Bulbi 49,5.

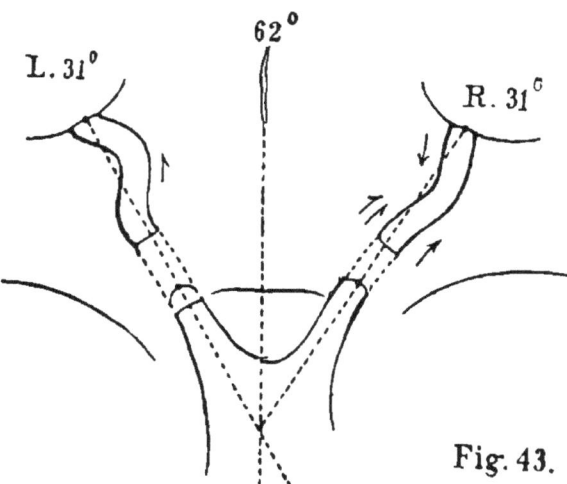

Fig. 43.

Verlauf der Sehnerven. R.: Im Canal. optic. verlauft der Sehnerv
nahezu horizontal etwas nach aussen. Nach Austritt aus demselben
steil aufsteigend und dabei etwas nach aussen, dann nahezu horizontal zum Bulbus. Insertion am Bulbus höher als Canal. opticus. L.:
Verlauf nahezu horizontal; erst ein wenig nach aussen, dann stärkere
Biegung nach innen und etwas nach oben, zuletzt nach aussen zum
Bulbus.

Wird der Bulbus nach innen-unten rotiert, *kaum Zerrung am Optikus.*

Die *Papille* erscheint beiderseits *annähernd rund.*

Links die Netzhautgefässe als weissliche Stränge sichtbar. Denselben hängen kleine weissliche Fleckchen an.

W., Franz, 80 J., Pfründner von M. Magencarcinom. Ex.
30. IX. 86. V. 10. Sekt. 1 X. N. 2. K.-L. 1,56. Sch.-B. 0,33.
L. d. Opt. R.: in situ 19, gestr. 25,5, Diff. 6,5. L. d. Can. opt. 11.
L.: » » 19, » 24, » 5. » » » » 11.
Abst. d. Canal. opt. 21. Abst. der Bulbi 51.

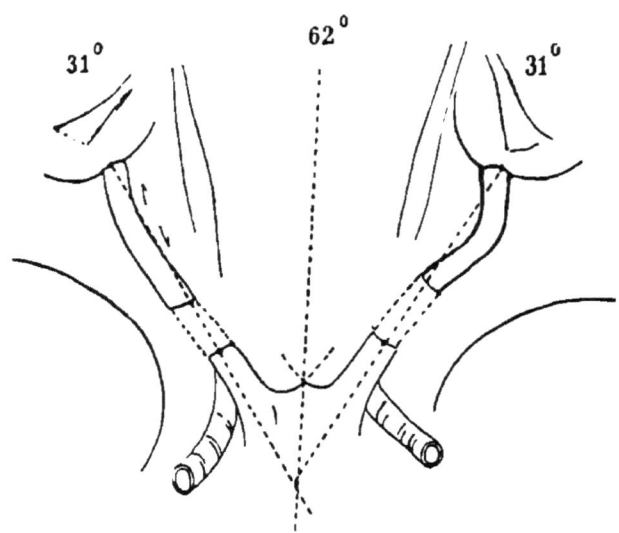

Fig. 44.

Verlauf der Schnerven. Rechts und links verlauft der Schnerv
nahezu horizontal, rechts macht er eine leichte Biegung nach aussen,
links eine leichte Biegung nach unten.

Werden die Bulbi vorn gefasst und nach innen-unten rotiert, so
werden die Schnerven *knapp gestreckt.*

Wird der Musc. *obliq. superior* angezogen, so wird der Augapfel
etwas nach vorn und innen, der *Schnerv* mit nach vorn *gezogen.*

R. Bulbus Sagittald. knapp 23, Aequat.d. vertik. 22, horiz. 24.

45. Fall. **

M., Katharine, 50 J., von M. Erysipel. Nephritis. Ex. 2.
XII. 85. V. 8. Sekt. 3. XII. N. 2. K.-L. 1,62. Sch.-B. 0,41.
L. d. Opt. R.: in situ 16,5, gestr. 23, Diff. 6,5. L. d. Can. opt. 10.
L.: » » 17, » 22, » 5. » » » » 11.
Abst. d. Can. opt. 24. Abst. d. Bulbi 50.

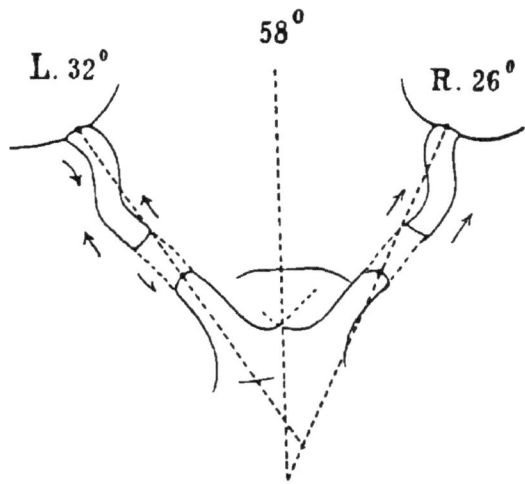

Fig. 45.

Verlauf der Sehnerven auf beiden Seiten ziemlich gleich.

Im Canal. optic. nach aussen-vorn und etwas nach unten. Dann stark aufsteigend ziemlich gerade nach vorn und dann fast horizontal (nur ein klein wenig geneigt nach unten) nach aussen zum Bulbus.

Die Canal. optici tiefer als Insertion des Optikus am Bulbus.

Werden die Bulbi nach innen-unten rotiert, so werden die *Sehnerven gestreckt,* aber *nicht eigentlich gezerrt.*

R. A.: Bulbuslänge 24. Aequat.d. 23,5 vert. und horiz.

46. Fall. **

K., G e o r g, 24 J., Schuhmacher von S. Phthis. pulm. Ex.
18. VII. 85. V. 2. Sekt. 18. VII. N. 2. K.-L. 1,7. Sch.-B. 0,4.
L. d. Opt. R.: in situ 20,5, gestr. 25,5, Diff. 5. L. d. Can. opt. 12,5.
L.: » » 19,5, » 26, » 6,5. » » » » 12,5.
Abst. d. Can. opt. 24,5. Abst. d. Bulbi 51,5.

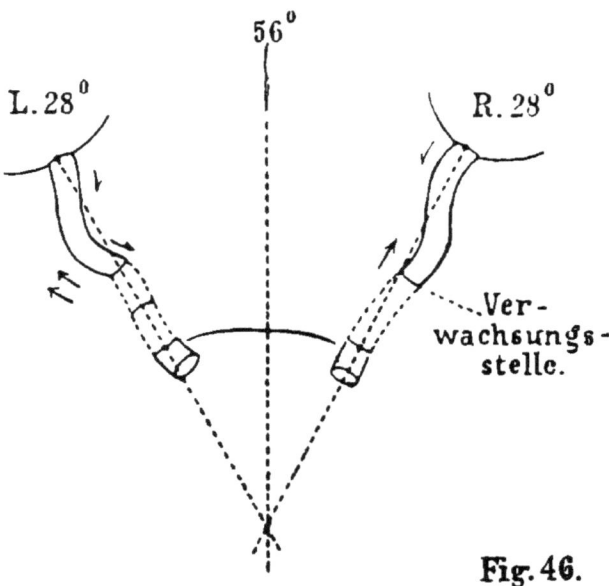

Fig. 46.

Verlauf der Sehnerven. R.: Nach anfänglich geringer Biegung
nach unten-aussen steigt der Sehnerv steil nach oben-aussen auf und
verlauft dann nahezu horizontal zum Bulbus mit leichter Biegung (Konvexität nach der Mittellinie zu), dicht vor dem Bulbus geringe Neigung
nach unten. L.: Nach anfänglich kurzer Biegung nach unten und
aussen zieht der Sehnerv steil nach oben-aussen, von da nahezu horizontal mit leichter Biegung (Konvexität nach oben und etwas nach aussen)
zum Bulbus. Dicht vor diesem ein klein wenig geneigt.

Bei Rotierung der Bulbi nach innen-unten tritt am *rechten Auge*
etwas mehr Spannung des Optikus an der Insertionsstelle auf als am
linken, am meisten am äusseren unteren Teil der Insertion.

47. Fall. **

S c h., J o s e p h, 23 J., Tapezier von M. Selbstmord, Schuss in die Schläfe. Ex. 5. II. 86. V. 2. Sekt. 5. IV. N. 2. K.-L. 1,7. Sch.B. 0,4.

L. d. Opt. R.: in situ 17, gestr. 22, Diff. 5. L. d. Can. opt. 12.
          L.: » » 19, » 25,5, » 6,5. » » » » —.
Abst. d. Can. opt. 29. Abst. d. Bulbi 54.

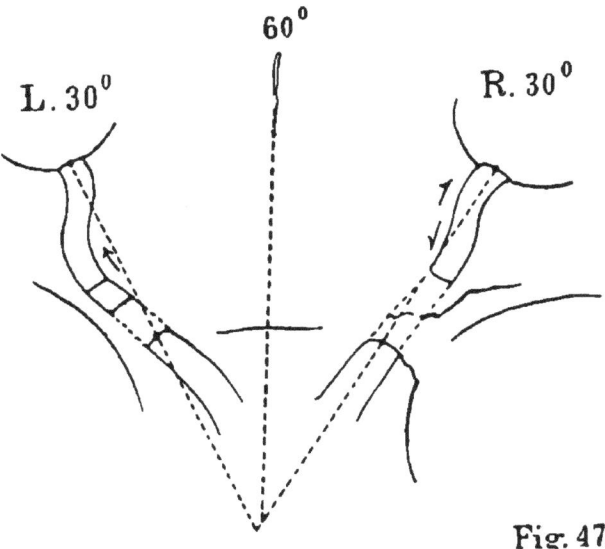

Fig. 47.

Verlauf der Sehnerven. R.: Nahezu horizontal, erst ein klein wenig geneigt nach innen-unten, dann etwas aufsteigend und ein wenig nach aussen zum Bulbus. L.: Erst etwas aufsteigend nach aussen, dann fast horizontal gerade nach vorn bezw. etwas nach innen zum Bulbus.

Canal. opticus liegt links etwas tiefer als Insertion am Bulbus, rechts ziemlich in gleicher Höhe.

Bei Bewegung nach innen-unten werden die *Sehnerven gestreckt,* (rechts mehr) aber nicht gezerrt.

Beide Sehnerven bläulich (Blutung in dem Zwischenscheidenraum). Schusskanal hinter der Orbita.

R. Bulbus: Sagittald. c. 22,5, Aequat.d. vert. 23, horiz. 23,5.

48. Fall.

W., I d a, 25 J., Dienstmagd von L. Nephritis. Ex. 18. VII.
86. V. 2. Sekt. 19. VII. V. 8. K.-L. 1,49. Sch.-B. 0,39.
L. d. Opt. R.: in situ 19, gestr. 25, Diff. 6. L. d. Can. opt. 8.
L.: » » 19, » 25, » 6. » » » » 8.
Abst. d. Can. opt. 21,5. Abst. d. Bulbi 51.

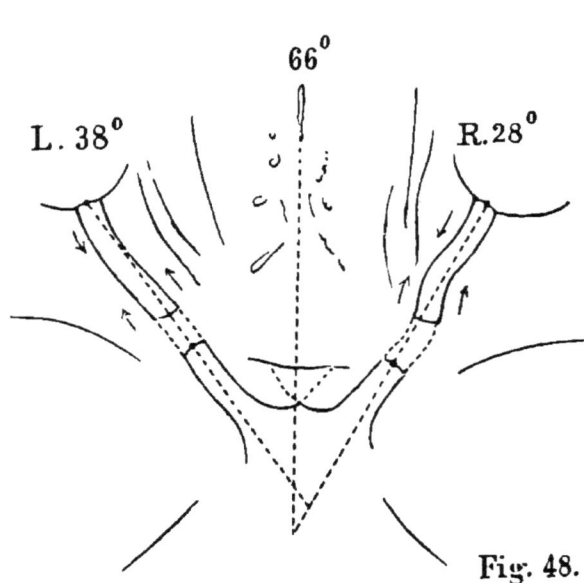

Fig. 48.

Verlauf der Sehnerven beiderseits ziemlich gleich. Im Grossen und
Ganzen nach aussen-vorn mit starker Biegung (Konvexität nach oben).
Canal. optic. nahezu in gleicher Höhe mit Insertion.
Werden die Bulbi nach innen-unten rotiert, so werden die Nerven
kaum gestreckt.
Die Länge des herausgenommenen Auges beträgt, mit Zirkel ge-
messen, gut 23 Mm.
Zu Lebzeiten wurde ophthalmoskopisch die Refraktion bestimmt.
Refraktion: c. Emmetropie. Neuro-Retinitis albuminur.

49. Fall.

R., Heinrich, 37 J., Schiffer von l. Enteritis. Ex. 13.
X. 85. V. 2. Sekt. 13. X. N. 2. K.-L. 1,73. Sch-B. 0,45.
L. d. Opt. R.: in situ 19, gestr. 25, Diff. 6. L. d. Can. opt. 9.
     L.: » » 19, » 25, » 6. » » » » 8.
Abst. d. Can. opt. 26,5. Abst. d. Bulbi c. 57.

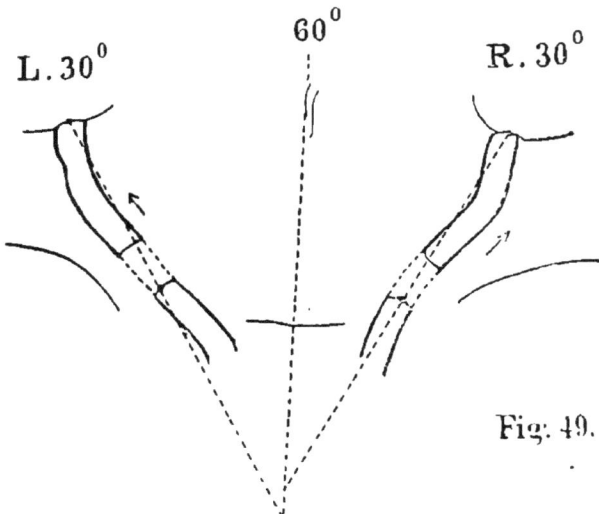

Fig. 49.

Verlauf der Sehnerven. R.: Im Canal. optic. leicht nach aussen,
nach Austritt aus demselben nach aussen-oben, dann nahezu gerade
nach vorn (dabei leicht nach unten abfallend). L.: Ungefähr der
gleiche Verlauf.

Wird der Bulbus nach unten-innen rotiert, so erleidet der Sehnerv
dabei *kaum merkliche Zerrung.* dabei ist eine Rollung bemerklich derart, dass der äussere-untere Rand der Papille nach aussen zu liegen
kommt und die stärkste Zerrung erfährt.

An der excidierten hinteren Bulbushälfte findet man bei Betrachtung des frischen Präparats *die Papille* nahezu *kreisrund.*

Sehr kräftige Muskulatur.

50. Fall. **

Schr., Maria Katharina, 62 J., von Sch. Ulcus ventric.
Ex. 2. VII. 85. N. 8. Sekt. 3. VII. N. 2. K.-L. 1,64. Sch.-B. 0,39.
L. d. Opt. R.: in situ 19, gestr. 24,5, Diff. 5,5. L. d. Can. opt. —
    L.: » » 19, » 25, » 6,0. » » » » —
Abstand d. Canal. opt. 20. Abst. d. Bulbi 53.

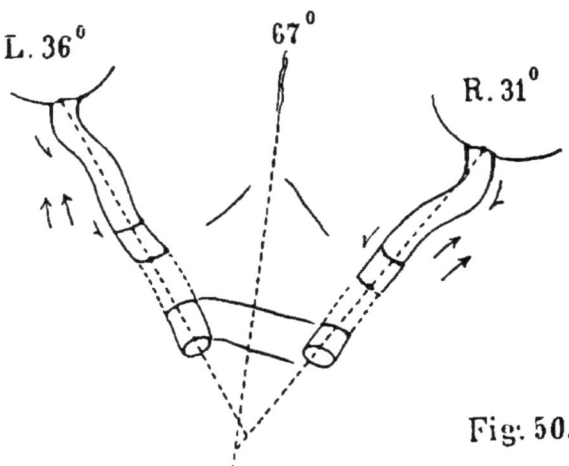

Fig. 50.

Verlauf der Sehnerven. R.: Erst ein wenig nach unten-aussen,
dann stark nach oben-aussen bis nahe zur Insertion in den Bulbus,
zuletzt ein klein wenig nach unten geneigt. L.: Sehnerv erst ein wenig
geneigt nach unten-aussen, dann stark nach oben bis nahe zum Bulbus,
zuletzt ein klein wenig nach unten geneigt.

Wird der Bulbus nach unten-innen rotiert, so tritt *eine mässige
Zerrung* an der Insertionsstelle des Sehnerven auf. Indem dabei der
äussere untere Rand der Optikusinsertion eine Drehung nach oben
erleidet, wird gerade dieser Teil relativ am meisten gezerrt.

51. Fall.**

H., Franz, 48 J., Fabrikarbeiter von St. L.. Emphys. pulm.
Ex. 31. I. 86. N. 5. Sekt. 1. II. V. 8. K.-L.. 1,58. Sch.-B. 0,38.
L. d. Opt. R.: in situ 20, gestr. 26, Diff. 6. L. d. Can. opt. —
L.: » » 19, » 24,5, » 5,5. » » » » 10.
Abst. d. Canal. opt. 20. Abst. d. Bulbi 52.

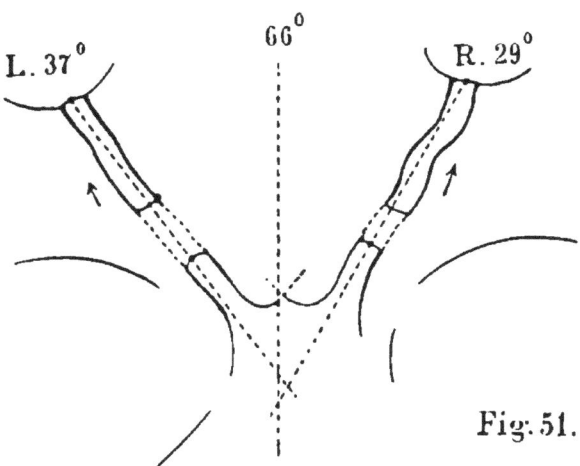

Fig. 51.

Verlauf der Sehnerven. Der Verlauf der Sehnerven ist beiderseits
ziemlich gleich. Die Richtung im Grossen und Ganzen: nach aussen-
vorn mit Bogen (Convexität nach oben).

Im Canal. optic. nach aussen-vorn und unten, dann steil aufsteigend und zuletzt ziemlich horizontal (ein klein wenig nach unten geneigt) zum Bulbus.

Canal. optic. tiefer als Insertion am Bulbus.

Werden die Bulbi nach unten-innen rotiert, so werden beiderseits
die Schnerven gestreckt.

An dem excidierten hinteren Bulbusabschnitt erscheint die *Papille*
(bezw. der gegen das Licht gehalten lichter erscheinende Teil) *nicht
kreisrund,* sondern etwas quer-oval. Die Eintrittsstelle der *Gefässe*
liegt *dem inneren* Rande näher.

52. Fall.**

S c h., A d a m, 53 J., Lumpensammler von M. Pneumonie.
Ex. 2. II. 86. N. 8. Sekt. 3. II. N. 2. K.-L. 1,66. Sch.B. 0,43.
L. d. Opt. R.: in situ 16,5, gestr. 22, Diff. 5,5. L. d. Can. opt. 12.
   L.: » » 18, » 24, » 6. » » » » 11.
Abst. d. Canal. opt. 21,5. Abst. d. Bulbi 51,5.

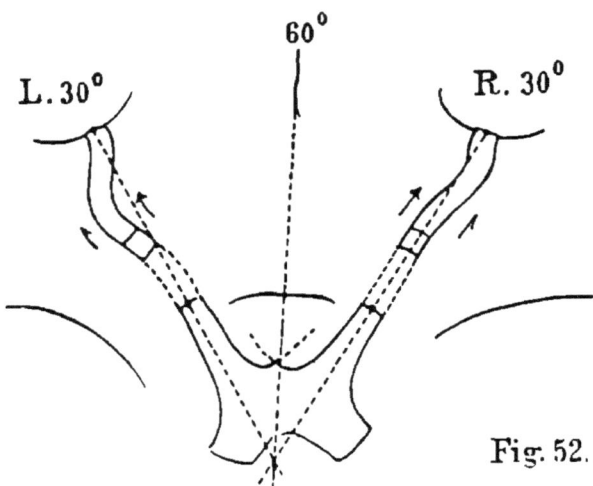

Fig. 52.

Verlauf der Sehnerven. R.: Im Canal. optic. nach aussen-vorn und
etwas nach unten, nach Austritt aus diesem steil nach oben-aussen,
zuletzt nahezu horizontal und ziemlich gerade nach vorn. L.: Nach
Austritt aus dem Canal. optic. steil nach oben, dann nahezu horizontal
mit ganz leichter Biegung nach aussen zum Bulbus.

Canal. optic. tiefer als Insertion am Bulbus.

Bei Bewegung nach innen-unten werden die *Sehnerven gestreckt,
rechts* etwas *mehr.*

Die Papille erscheint an dem excidierten hinteren Abschnitt nicht
ganz rund.

53. Fall.**

K., Luise, 19 J., Dienstmagd von E. Icterus malign. Ex.
10. V. 86. V. 7. Sekt. 11. V. N. 2. K.-L. 1,66. Sch.-B. 0,43.
L. d. Opt. R.: in situ 20, gestr. 26, Diff. 6. L. d. Can. opt. 8.
   L.: » » 19, » 24,5, » 5,5. » » » » 8.
Abst. d. Can. opt. 25. Abst. d. Bulbi 52.

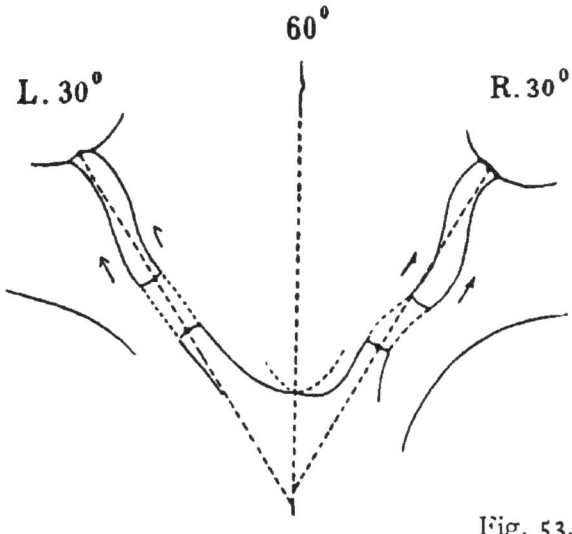

Fig. 53.

Verlauf der Sehnerven. R.: Nach Austritt aus dem Canal. optic.
verläuft der Sehnerv erst stark nach oben und etwas nach aussen,
dann mit leichter Krümmung (Konvexität medial) und nahezu horizontal
(etwas nach unten geneigt) zum Bulbus. L.: Erst stark aufsteigend,
dann etwas weniger stark nach aussen, zuletzt nahezu horizontal (nur
ein wenig geneigt) nach aussen zum Bulbus.

Canali optici etwas tiefer als Insertion des Optikus am Bulbus.

Werden die Bulbi nach innen-unten rotiert, so werden die *Sehnerven noch nicht einmal ganz gestreckt.*

Sehnerv erscheint dünn. Optikusscheide gelb.

Der äussere Sagittaldurchmesser des herausgenommenen rechten
Auges beträgt mit dem Zirkel gemessen circa 23—24 Mm.

*Zu Lebzeiten wurde die Refraktion bestimmt und der Augenspiegelbe-
fund aufgenommen. Bei der Augenspiegeluntersuchung wird die Papille
rund, ganz normal gefunden. Refraktion: Emmetropie.*

54. Fall. **

Ech., Josef, 46 J., Schmied von K. Schwere Verletzung.
Ex. 17. XII. 85. V. 11. Sekt. 18. XII. N. 2. K.-L. 1,7. Sch.-B. 0,43.
L. d. Opt. R.: in situ 18, gestr. 24, Diff. 6. L. d. Can. opt. 11.
    L.: » » 18, » 23, 5. » » » » 11.
Abst. d. Can. opt. 20. Abst. d. Bulbi 51.

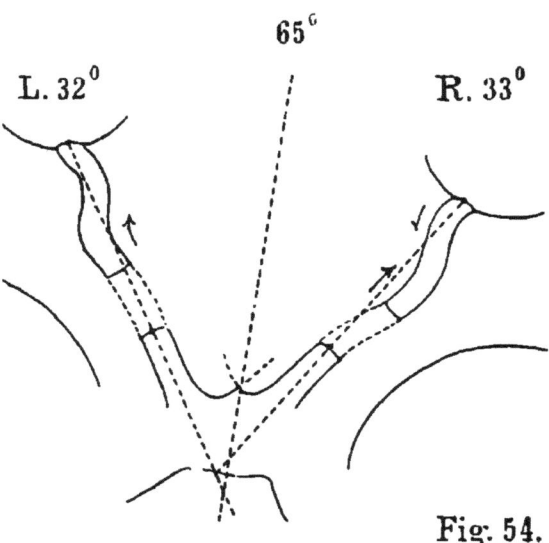

L. 32⁰   65ᶜ   R. 33⁰

Fig. 54.

Verlauf der Sehnerven. R.: Im Canal. optic. nach aussen-vorn,
dann aufsteigend nach oben-aussen, zuletzt ziemlich gerade nach vorn,
und dabei ein wenig nach unten geneigt. L.: Nach Austritt aus dem
Can. optic. ein kleines Stück nach aussen-vorn, dann stark aufsteigend
und zuletzt mit leichter Biegung (Konvexität nach innen) nach aussen
zum Bulbus.

Canal. optic. tiefer als Optikusinsertion am Bulbus.

Werden die Bulbi nach innen-unten rotiert, so werden die *Sehnerven dabei gestreckt.*

55. Fall. **

G., Adam, 19 J., Fabrikarbeiter von F. Selbstmord. Ex.
8. II. 86. N. 3. Sekt. 9. II. N. 2. K.-L. 1,73. Sch.-B. 0,45.
L. d. Opt. R.: in situ 18,5, gestr. 24,5, Diff. 6. L. d. Can. opt. 9.
       L.: » » 19,   24,   » 5. » » » » 9.
Abst. d. Can. opt. 27. Abst. d. Bulbi 52.

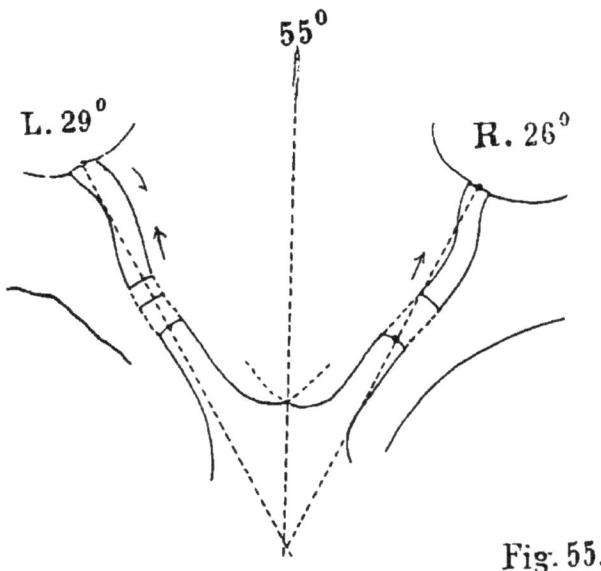

Fig. 55.

Verlauf der Sehnerven. R.: Im Canal. optic. horizontal nach aussen
und vorn, dann nach oben-aussen und schliesslich ziemlich horizontal
gerade nach vorn zum Bulbus. L.: Im Canal. optic. nach aussen und
vorn nahezu horizontal, dann nach aussen-oben, zuletzt etwas stärker
nach aussen und ein wenig nach unten geneigt zum Bulbus.

(Blutung in dem Muskeltrichter).

Die Canal. optici liegen tiefer als die Optikusinsertion am Bulbus.

Bei Bewegung nach innen-unten werden die *Sehnerven gestreckt,
nicht gezerrt.*

Die Bulbi reichen ziemlich weit rückwärts in die Orbita.

8*

56. Fall.**

Kr., Heinrich, 39 J., Barbier von M. Endocarditis. Ex.
26. II. 86. N. 2. Sekt. 27. II. N. 2. K.-L. 1,7. Sch.-B. 0,4.
L. d. Opt. R.: in situ 21, gestr. 26, Diff. 5. L. d. Can. opt. 12.
L.: » » 22, » 28, » 6. » » » » 12.
Abst. d. Can. opt. 23. Abst. d. Bulbi 59.

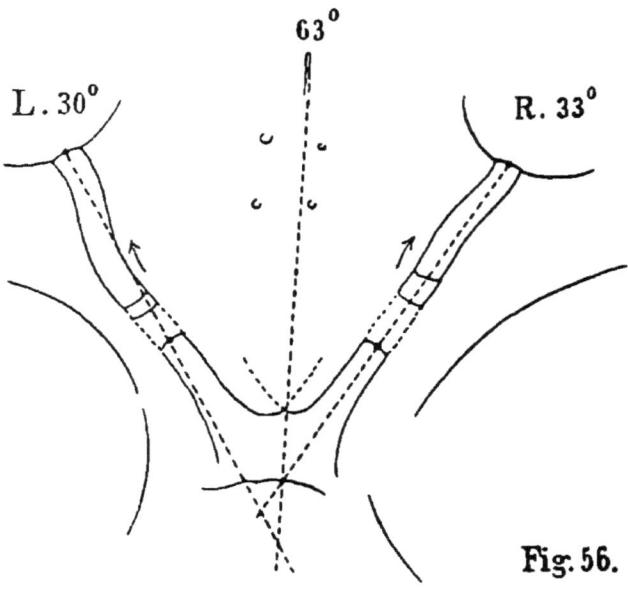

Fig. 56.

Verlauf der Sehnerven. R.: Richtung im Grossen und Ganzen
nach aussen-vorn. Im Can. optic. horizontal nach aussen-vorn, dann
leicht aufsteigend und zuletzt ziemlich horizontal zum Bulbus, schräg
an diesen herantretend. L.: Im Canal. optic. nach aussen-vorn, dann
stark aufsteigend, zuletzt ziemlich horizontal zum Bulbus.

Canal. optic. R. ziemlich in gleicher Höhe, L. etwas tiefer als Insertion am Bulbus.

Werden die Bulbi nach innen-unten rotiert, so werden die *Seh-*
nerven gestreckt.

Inhalt der Orbita prall gespannt (Blutgefässe stark gefüllt).

R. Bulbus = c. 26 Mm. L. um die Papille an dem excidierten
hinteren Abschnitt lichtere Partie zu sehen.

57. Fall.**

Sch., Amalie, 65 J., von M.   Caries. Ex. 11. X. 86. V. 12.
Sekt. 12. X. N. 2.   K.-L. 1,6.   Sch.-B. 0,37.
L. d. Opt. R.: in situ 17, gestr. 22, Diff. 5. L. d. Can. opt.⌉ knöchern 5.
   L.: »   » 18,   »   24,   » 6. » »   »   » ⌡ häutig   10.
Abst. d. Can. opt. 26.   Abst. d. Bulbi 24,5.

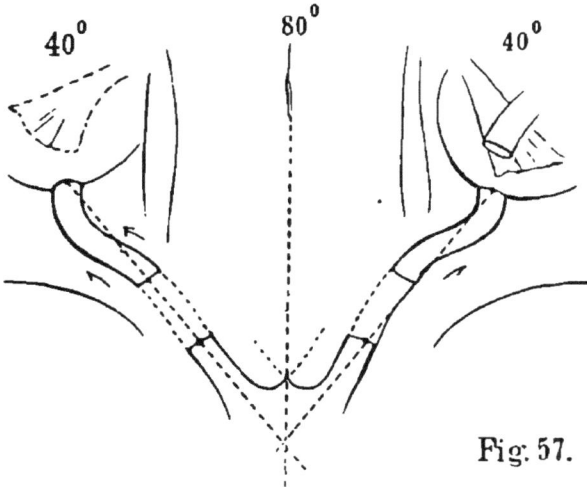

Fig. 57.

Verlauf der Sehnerven. R.: Im Canal. optic. nach aussen und vorn, dann aufsteigend nach aussen, zuletzt wieder etwas absteigend nach vorn, dabei scheint der Sehnerv nach dem Bulbus zu von innen nach aussen torquiert zu sein.   L.: Nach Austritt aus dem Canal. optic. stark nach aussen und oben, mit Biegung — Konvexität nach oben-aussen — zum Bulbus.

Canal. optic. liegt rechts nahezu in gleicher Höhe mit der Insertion am Bulbus, links bedeutend tiefer.

Werden die Bulbi nach innen-unten rotiert, so werden die *Sehnerven* nicht gespannt, *knapp gestreckt.*

Wird der *Musc. obliq. sup.* am Muskelbauch angezogen, so wird beiderseits der Augapfel mit dem Sehnerven etwas nach oben-innen und vorn gezogen. Dabei wird der *Sehnerv links gespannt,* die Sehne setzt sich links mit 2 Köpfen an den Bulbus. — Am rechten Auge tritt mehr Rollung des Auges auf, wenn der Muskel angezogen wird.

Bulbuslänge rechts = ca. 24 Mm.

58. Fall.**

E., Nikolaus, 30 J., Maurer von M.   Kehlkopftuberkulose.
Ex. 13. VIII. 85. V. 10.   Sekt. 14. VIII. N. 2.   K.-L. 1,73.   Sch.-
Br. 0,42.

L. d. Opt. R.: in situ 20, gestr. 25, Diff. 5.   L. d. Can. opt. 11.

       L.: » » 19, » 25, » 6. » » » » 11.

Abst. d. Can. opt. 24.   Abst. d. Bulbi 51.

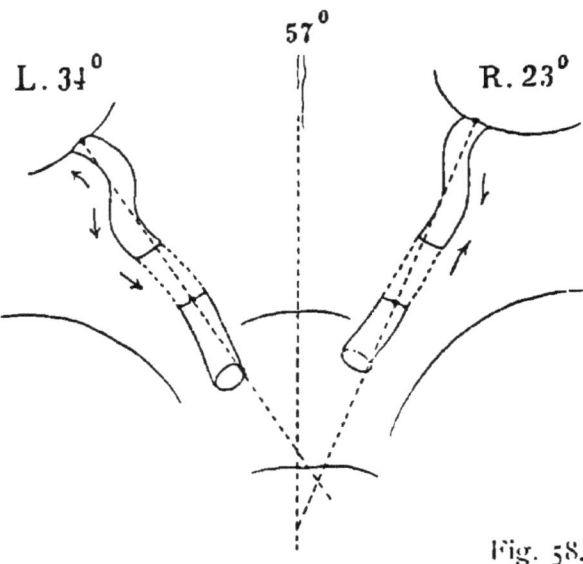

Fig. 58.

Verlauf der Sehnerven. R.: Im Allgemeinen fast horizontal mit geringen Biegungen, erst vom Canal. optic. nach aussen, dann aufsteigend
mit kurzer Biegung nach oben-aussen und dann mit leichter Biegung
(Konvexität nach innen-vorn) nahezu geradeaus nach vorn zum Bulbus.
L.: Erst nach unten-aussen, dann Biegung nach innen-unten, zuletzt
aufsteigend nach aussen-vorn zum Bulbus.

Canal. optic. und Insertionsstelle am Bulbus beiderseits nahezu
in gleicher Höhe.

Bei Bewegungen des Bulbus *keine erhebliche Zerrung.*

Papille *erscheint nahezu* rund.

59. Fall.**

B., Peter, 33 J., Heizer von W. Phthis. pulm. Ex. 4. VII.
86. V. 3. Sekt. 5. VII. N. 3. K.-L. 1,64. Sch.-B. 0,36.
L. d. Opt. R.: in situ 16, gestr. 21, Diff. 5. L. d. Can. opt. 11.
L.: » » 17, » 23, » 6. » » » » 10,5.
Abst. d. Can. opt. 23. Abst. d. Bulbi 56,5.

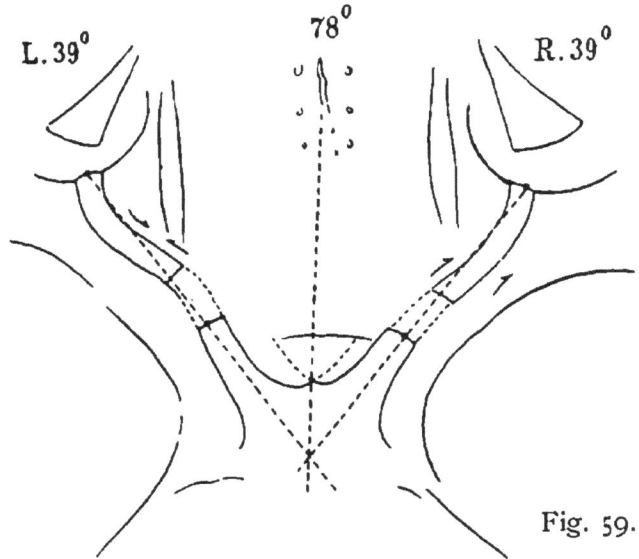

Fig. 59.

Verlauf der Sehnerven. R.: Im Canal. optic. nach aussen-vorn und
ein klein wenig nach oben; nach Austritt aus demselben ein kleines
Stück weiter gleiche Richtung beibehaltend, dann mehr gerade nach
vorn und ein klein wenig nach unten geneigt. L.: Im Canal. optic.
leicht nach oben-aussen und vorn, dann stärker nach aussen, nach
vorn umbiegend, dabei etwas nach unten geneigt zum Bulbus.

Canal. optic. etwas höher als Insertion am Bulbus.

Werden die Bulbi nach innen-unten rotiert, *beiderseits etwas Zerrung* am Optikus, *rechts mehr.*

Länge des herausgenommenen rechten Auges mit Zirkel gemessen gut
24 Mm., Querd. c. 24 Mm. Am eröffneten linken Auge Abstand von
der Mitte der Papille bis zum gelben Fleck c. 4 Mm. (mit Zirkel gemessen).

*Zu Lebzeiten wurde ophthalmoskop. die Refraktion bestimmt. Geringe
Hypermetropie. Bei der Augenspiegeluntersuchung findet man die Papille
stark quer verzogen. Skleralring nach aussen verbreitert. Die Eintrittsstelle
der Centralgefässe liegt näher dem inneren Rande. Kleiner Hornhautfleck.*

60. Fall.**

K., Kasper, 35 J., Zimmermann von A. Phthis. pulm.
Ex. 9. VII. 85. N. 5. Sekt. 10. VII. K.-L. 1,69. Sch.-B. 0,42.
L. d. Opt. R.: in situ 17,5, gestr. 22, Diff. 4,5. L. d. Can. opt. —.
L.: » » 19, » 25, » 6. » » » » —.
Abst. d. Can. opt. 32. Abst. d. Bulbi 55,5.

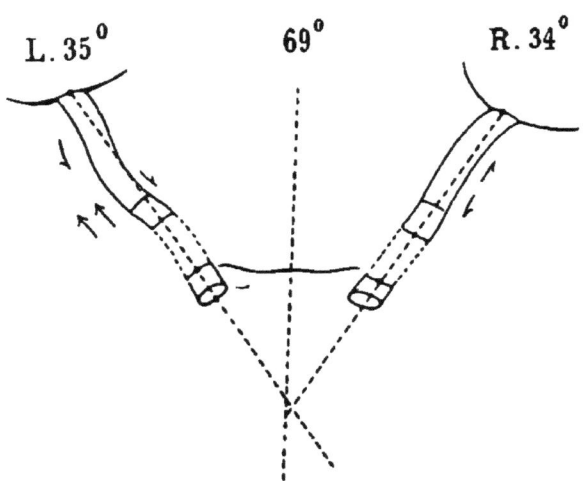

L. 35°   69°   R. 34°

Fig. 60.

Verlauf der Sehnerven. R.: Der Sehnerv verläuft nahezu horizontal. Nach Austritt aus dem Canal. optic. erst ein klein wenig nach unten, dann ein wenig nach oben, und mit leichter Biegung (Konvexität nach innen) zum Bulbus nach aussen. L.: Der Sehnerv verläuft vom Foramen opticum erst ein wenig nach unten, macht dann eine starke Biegung nach oben aussen, lauft dann etwas nach unten-innen und schliesslich nach aussen-vorn zum Bulbus.

Wird der Augapfel sehr ausgiebig nach unten-innen rotiert, so entsteht *eine Zerrung an der Insertion des Optikus*, besonders rechts.

61. Fall.**

G., Wilhelm. 27 J., Metzger von R. Phthis. pulm. Ex.
28. VII. 85. Sekt. 29. VII. N. 2. K.-L. 1,80. Sch.-B. 0,44.
L. d. Opt. R.: in situ 19, gestr. 25, Diff. 4. L. d. can. opt. 13,5.
       L.: » » 19, » 25, » 6. » » » » 12.
Abst. d. Can. opt. 21. Abst. d. Bulbi 55.

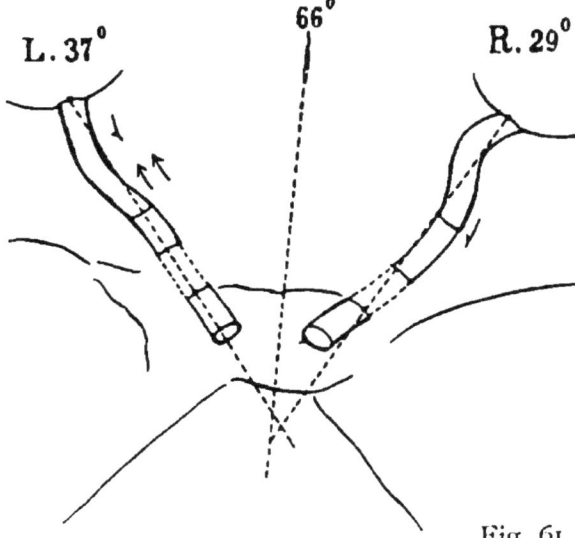

Fig. 61.

Verlauf der Sehnerven. R.: Der Sehnerv verläuft im Can. optic.
etwas nach unten und aussen, dann nahezu horizontal mit geringer Neigung nach unten zum Bulbus (dabei Biegung nach innen).

L.: Innerhalb des Canal. optic. etwas nach unten und aussen, dann
rasch aufsteigend nach aussen-oben, dann etwas nach unten geneigt
nach aussen zum Bulbus.

Wird der Bulbus nach unten-innen rotiert, so tritt *am rechten Auge*
etwas mehr Zerrung an der Optikusinsertion auf als am linken, am meisten
am äusseren unteren Rand. Dabei findet eine Drehung der Optikusinsertion statt, die leicht erkenntlich ist, wenn man einige schwarze
Punkte auf den Sehnerven dicht hinter dem Bulbus und auf den Bulbus selbst aufgezeichnet hatte.

An dem ausgeschnittenen hinteren Bulbusabschnitt findet man die
Papille nicht rund wie gewöhnlich, sondern oval, die Eintrittsstelle der
Centralgefässe näher dem inneren Papillenrande.

Uebersichtl. Zusammenstellung der gefundenen Messungswerte.

Fortlaufende Nro.	Direkter Abstand vom Foramen optic. bis zur Insertion am Bulbus.	Länge des leicht gestreckten Sehnerven.	Differenz zw. direktem Abstand und Länge des Sehnerven	Entfernung vom hinteren knöchernen Begrenzungsrand des Canal. optic. bis zur Verwachsungsstelle des Nerven mit Nervenscheide.	Entfernung der Can. opt. gemessen v. Mitte des hint. knöch. Begrenzungsrandes	Abstand der beiden Bulbi gemessen von d. Insertion des Sehnerven am Bulbus.	Winkel, den die beiden Sehnerven mit einander bilden, in Graden:	Winkel, den der Sehnerv mit der Mittellinie bildet, in Graden: Rechts	Links
1.	2.	3.	4.	5.	6	7.	8.	9.	10.
32.	15 / 15,5	22 / 22	7 / 6,5	8 / 11	24,5	51,5	53	24	29
33.	19 / 19,5	26 / 26	7 / 6,5	11,5 / 11	24,5	53	53	27	26
34.	14 / 17	21 / 23	7 / 6	12 / 10,5	22,5	59	78	42	36
35.	21,5 / 21	27,5 / 28	6 / 7	10 / 10	25	56	67	33	34
36.	24 / 21	30 / 28	6 / 7	— / —	17	51,5	62	29	33
37.	17 / 15,5	22,5 / 22,5	5,5 / 7	7 / 9	29	51	62	31	31
38.	17 / 16	22 / 23	5 / 7	11 / 11	21,5	56	77	36	41
39.	14 / 15	18,5 / 22	4,5 / 7	12 / 11,5	18	48	60	37	23
40.	21,5 / 20,5	27 / 26,5	5,5 / 6	12 / 13	18	57	72	34	38
41.	17,5 / 16	23,5 / 22,5	6 / 6,5	11 / 10,5	19	47	54	27	27
42.	17 / 18	23,5 / 23,5	6,5 / 5,5	8,5 / —	22	60	77	34	43
43.	19 / 19	25,5 / 24,5	6,5 / 5,5	9 / 9	20	49,5	62	31	31
44.	19 / 19	25,5 / 24	6,5 / 5	11 / 11	21	51	62	31	31
45.	16,5 / 17	23 / 22	6,5 / 5	10 / 11	24	50	58	26	32
46.	20,5 / 19,5	25,5 / 26	5 / 6,5	12,5 / 12,5	24,5	51,5	56	28	28
47.	17 / 19	21,5 / 25,5	4,5 / 6,5	12 / —	29	54	60	30	30
48.	19 / 19	25 / 25	6 / 6	8 / 8	21,5	51	66	28	38
49.	19 / 19	25 / 25	6 / 6	9 / 8	26,5	57	60	30	30
50.	19 / 19	24,5 / 25	5,5 / 6	— / —	20	53	67	31	36

I.	2.	3.	4.	5.	6.	7.	8.	9.	10.
51.	20 19	26 24,5	6 5,5	— 10	20	52	66	29	37
52.	16,5 18	22 24	5,5 6	12 11	21,5	51,5	60	30	30
53.	20 19	26 24	6 5,5	8 8	25	52	60	30	30
54.	18 18	24 23	6 5	11 11	20	51	65	33	32
55.	18,5 19	24,5 24	6 5	9 9	27	52	55	26	29
56.	21 22	26 28	5 6	12 12	23	59	63	33	30
57.	17 18	22 24	5 6	10 10	26	54,5	80	40	40
58.	20 19	25 25	5 6	11 11	24	51	57	23	34
59.	16 17	20 23	5 6	11 10,5	23	56,5	78	39	39
60.	17,5 19	22 25	4,5 6	— —	32	55,5	69	34	35
61.	19 19	23 25	4 6	13,5 12	21	55	66	29	37
Mittel:	18,37	24,22	5,85	9,85	23,0	53,23	64,17	31,17	33,0

Wie aus vorstehender Zusammenstellung ersichtlich ist, war in 21 Fällen das Abrollungsstück auf der einen Seite kleiner als 6 Mm. 7 mal war die Differenz freilich nur klein, das Abrollungsstück war 5½ Mm. gross. Messungsfehler von ½ Mm. und selbst darüber sind, wie oben schon bemerkt, natürlich nicht ausgeschlossen; in 11 Fällen betrug die Grösse des Abrollungsstückes auf der einen Seite nur 5, in 2 Fällen nur 4—5, und in einem nur 4 Mm. Es würde manches für sich gehabt haben, die Fälle mit einem Abrollungsstück von 5,5 Mm. (und vielleicht auch die mit 5 Mm.) noch zu Gruppe II zu stellen.

Was das Verhalten des Sehnerven bei der Bewegung des Auges nach unten-innen betrifft, so wurde das Abrollungsstück desselben hiebei noch nicht einmal ganz aufgerollt 3 mal beiderseitig und 5 mal einseitig, *gestreckt* wurde der Nerv (ohne eigentliche Zerrung) 16 mal beiderseitig, 9 mal einseitig, gezerrt 2 mal beiderseitig und 4 mal einseitig. Das Verhalten der Papille ist in vielen Fällen (16) nicht notiert. Es unterblieb dies zum Teil des-

wegen, weil doch die genauere mikroskopische Untersuchung in
Aussicht genommen war. Da, wo sich Notizen über das Verhalten
finden, ist angegeben, dass 8 mal beiderseitig und einmal einseitig
die Papille rund, bezw. »nahezu rund« gefunden wurde. In 4 Fällen
wurde sie beiderseitig, und in einem Fall auf der einen Seite verzogen und die Eintrittsstelle der Centralgefässe näher dem inneren Rande gefunden. Da, wo Zerrung am Sehnerven bezw.
eine quer-über verzogene Papille gefunden wurde, handelte es
sich meistens um Sehnerven mit kürzerem Abrollungsstück.

Von 11 herausgenommenen Augen sind die Maasse angegeben. 7 mal war der Längsdurchmesser c. 24 Mm., zweimal
23 Mm., einmal 22,5 (Fall 47) und einmal 26 Mm. (Fall 56 R.).
Im letzten Fall war das Abrollungsstück auf der betreffenden
Seite nur 5 Mm. gross (gehörte somit zu Gruppe III). Was den
Fall 47 betrifft, bei dem das rechte Auge verhältnissmässig klein
war, überhaupt einen mehr hypermetropischen Habitus hatte, so
musste derselbe nach der gefundenen Grösse des Abrollungsstücks zu Gruppe II gestellt werden. Es gehörte derselbe aber
wohl mehr zu Gruppe I. Es handelte sich bei ihm um einen
Selbstmörder Namens Sch., der sich eine Kugel querüber durch
den Kopf geschossen hatte. Durch eine Blutung in die Orbita
und dadurch bedingte pralle Spannung des Orbitalgewebes war
der Sehnerv höchst wahrscheinlich abnorm stark gestreckt. Ich
zweifle nicht daran, dass sein Abrollungsstück merklich länger
gefunden worden wäre, wenn Sch. anstatt durch Selbstmord nach
einer längeren Krankheit gestorben wäre, bei welcher das Fettpolster der Orbita abgenommen hätte und der Bulbus eingesunken wäre.

*Besonders hervorzuheben ist noch, dass in den 4 zu Gruppe II
gehörigen Fällen, welche zu Lebzeiten opthalmoskopiert werden konnten,
3 mal die Papille annähernd normal und die Refraktion emmetropisch
gefunden wurde. In dem einen dieser Fälle betrug die Achsenlänge ca.
24, im zweiten zw. 23 und 24 und im dritten ca. 23 Mm. Zerrung am
Sehnerven war in keinem dieser 3 Fälle zu konstatieren. Im 4. Fall,
welcher in seiner Stellung am Ende von Gruppe II zu Gruppe III
hinneigt (Abrollungsstück auf der rechten Seite = 5 Mm.), war die*

Refraktion zwar schwach hypermetropisch, die Papille war dabei aber querüber verzogen und der Skleralring an der temporalen Seite merklich verbreitert. Die Länge des herausgenommenen Auges betrug gut 24 Mm. Es liegt hier ein überaus wichtiger Befund vor. Es handelt sich um ein schwach hypermetropisches Auge, bei dem die Veränderungen an der Eintrittsstelle des Sehnerven einerseits und die relativ grosse Achsenlänge andererseits darauf hindeuten, dass dieses Auge durch Achsenverlängerung eine erhebliche Refraktionserhöhung erfahren hat und gleichwohl schwach hypermetropisch geblieben ist. Wenn dasselbe nicht emmetropisch bezw. nicht myopisch wurde, so erklärt sich dies eben dadurch, dass die Hypermetropie bei der Geburt höchst wahrscheinlich einen abnorm hohen Grad hatte. Der vorhandene Hornhautfleck kompliziert den Fall etwas, da es nicht ausgemacht ist, wodurch Hornhautflecken relativ häufig zu Refraktionserhöhung führen. Ist es *nur* die durch den Hornhautfleck bedingte Schwachsichtigkeit, welche eine stärkere Annäherung an das betrachtete Objekt nötig macht oder kommt dem Hornhautfleck auch noch die Bedeutung zu, dass er den Flüssigkeitsaustritt durch die Hornhaut dauernd — wenn auch nur in geringem Grade — behindert?

III. Gruppe.
(Nr. 62—88.)

Kurzes Abrollungsstück (5,5 Mm. gross und kleiner). Bei Bewegungen des Auges wird der Sehnerv meist mehr oder weniger stark gezerrt. Die Papilla nervi optici findet man häufig deutlich quer verzogen, in einigen Fällen war ein Conus zu konstatieren bei hinterer Skleralektasie.

62. Fall.

G., Elise, 55 J., von M. Lähmung. Ex. 1. XI. 85. V. 3. Sekt. 2. XI. N. 2. K.-L. 1,42. Sch.-B. 0,36.

L. d. Opt. R.: in situ 20,5, gestr. 26, Diff. 5,5. L. d. Can. opt. 8.

L.: » » 20,5, » 26, » 5,5. » » » » 8.

Abst. d. Can. opt. 24. Abst. d. Bulbi 52.

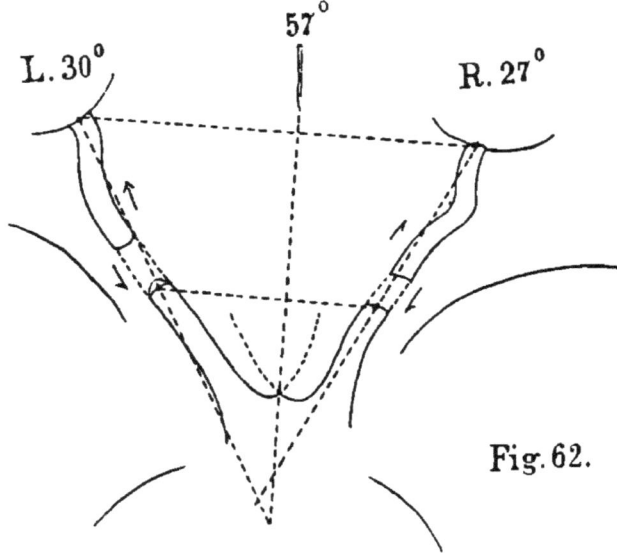

Fig. 62.

Verlauf der Sehnerven. R.: Im Canal. optic. nach unten-aussen. Nach Austritt aus diesem nach aussen und etwas nach oben, dann nach vorn und fast horizontal zum Bulbus. L.: Im Canal. optic. nach aussen-unten. Nach Austritt aus diesem stark nach oben und etwas nach aussen, dann mit leichter Biegung nach innen, zuletzt gerade nach vorn zum Bulbus. Es macht den Eindruck, als ob eine Torsion statt-hätte in der Richtung von aussen nach innen.

Canal. opticus etwas höher als Insertion am Bulbus beiderseits.

Werden die Bulbi nach innen-unten rotiert, so tritt dabei *mässige Zerrung* am Sehnerven auf. — Am rechten Auge Sklera nächst dem Sehnerven bläulich durchscheinend. *Hornhautfleck.*

63. Fall.

N., Timotheus, 33 J., Diener von M. Cystitis. Ex. 9.
II. 86. V. 8. Sekt. 10. II. N. 2. K.-L. 1,77. Sch.-B. 0,42.
L. d. Opt. R.: in situ 19,5, gestr. 25, Diff. 5,5. L. d. Can. opt. —
        L.: » » 19, » 24, » 5. » » » » —
Abst. d. Can. opt. 21. Abst. d. Bulbi 51.

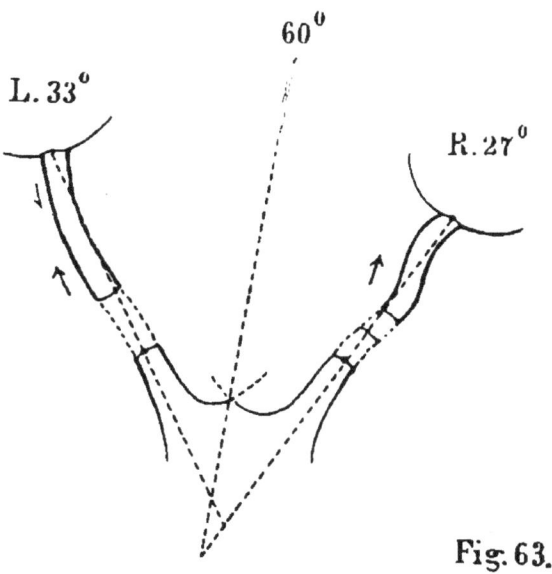

Fig. 63.

Verlauf der Sehnerven. R.: Im Canal. optic. nach aussen und vorn
und dabei etwas nach unten, dann nahezu gerade nach vorn, dabei
allmählich aufsteigend, zuletzt horizontal etwas nach aussen. An dem
Stück nächst der Bulbusinsertion macht es den Eindruck, als sei der
Nerv um seine Längsachse nach aussen gedreht. L.: Im Canal. opt.
nach aussen-vorn, dann kurzes Stück aufsteigend nach oben-aussen,
dann geradeaus nahezu horizontal resp. etwas nach unten geneigt zum
Bulbus.

Canal. opticus tiefer.

Bei Bewegung nach innen-unten wird der *Sehnerv gespannt*, aber
nicht eigentlich gezerrt.

An dem excidierten hinteren Bulbusabschnitt erscheint die *Papille
ziemlich rund.*

64. Fall.

W., Katharine, 41 J., von S. Eingekl. Bruch. Ex. 4.
X. 85. V. 3. Sekt. 4. X. N. 2. K.-L. 1,7. Sch.-B. 0,4.
L. d. Opt. R.: in situ 17, gestr. 22, Diff. 5. L. d. Can. opt. 10.
 L.: » » 16, » 21,5, » 5,5. » » » » 10.
Abst. d. Can. opt. 20,5. Abst. d. Bulbi 54.

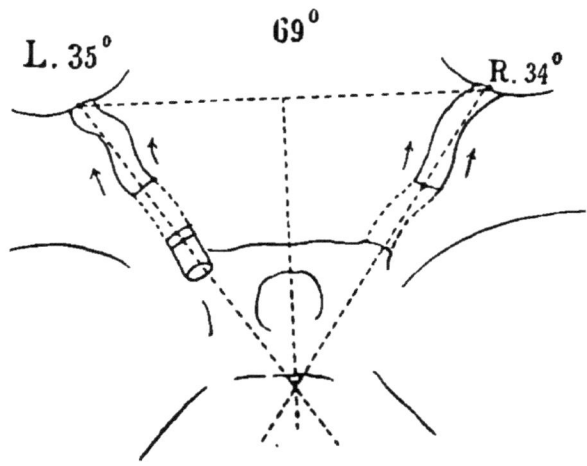

Fig. 64.

Verlauf der Sehnerven. R.: Im Canal. optic. nach aussen, dann
ziemlich gerade nach oben-vorn, dann Biegung nach aussen zum Bulbus. L.: Erst nach aussen und oben, dann gerade nach vorn, zuletzt
mit starker Biegung horizontal zum Bulbus.

Canal. optic. beiderseits etwas tiefer.

Bei Bewegung nach unten-innen *Zerrung am Optikus.*

An dem geöffneten Bulbus sieht man die *Eintrittsstelle der Gefässe
näher dem inneren Rande.*

65. Fall.

G., Margarethe, 22 J., Dienstmagd von A. Puerperal-
fieber. Ex. 3. XII. 85. V. 2. Sekt. 3. XII. N. 2. K.-L. 1,62.
Sch.-B. 0,36.

L. d. Opt. R.: in situ 15,5, gestr. 20, Diff. 4,5. L. d. Can. opt. 12.

L.: » » 15,5, » 21, » 5,5. » » » » II.

Abst. d. Can. opt. 21. Abst. d. Bulbi 50,5.

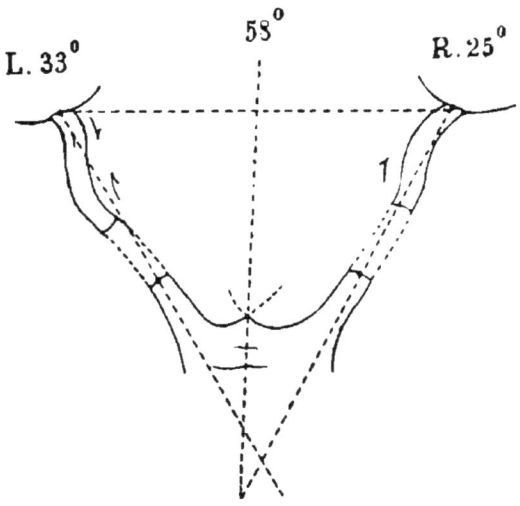

Fig. 65.

Verlauf der Sehnerven auf beiden Seiten ziemlich gleich. Im Can.
optic. nach aussen und etwas nach unten, dann steil aufsteigend nach
oben-aussen, zuletzt nahezu horizontal (resp. ein wenig nach unten geneigt) nach aussen herüber zum Bulbus.

Canali optici tiefer als Insertion des Optikus am Bulbus.

Werden die Bulbi nach innen-unten rotiert, so werden die *Sehnerven gezerrt.* An der ausgeschnittenen hinteren Bulbushälfte erscheint
·rechts die Papille nahezu rund, die *Eintrittsstelle der Gefässe vielleicht
etwas näher dem inneren Rand.*

Da der Schädel sehr schmal war, konnte die Glasplatte nicht in
den Schädel eingelegt werden.

Weiss.   9

66. Fall.

L., Anna, 42 J., von L. Tumor uteri. Ex. 19. XII. 86.
V. 2. Sekt. 20 XII. N. 2. K.-L. 1,6. Sch.-B. 0,35.
L. d. Opt. R.: in situ 15,5, gestr. 21, Diff. 5,5. L. d. Can. opt. 11.
L.: » » 18, » 22,5, » 4,5. » » » » 10.
Abst. d. Canal. opt. 22. Abst. der Bulbi 47,5.

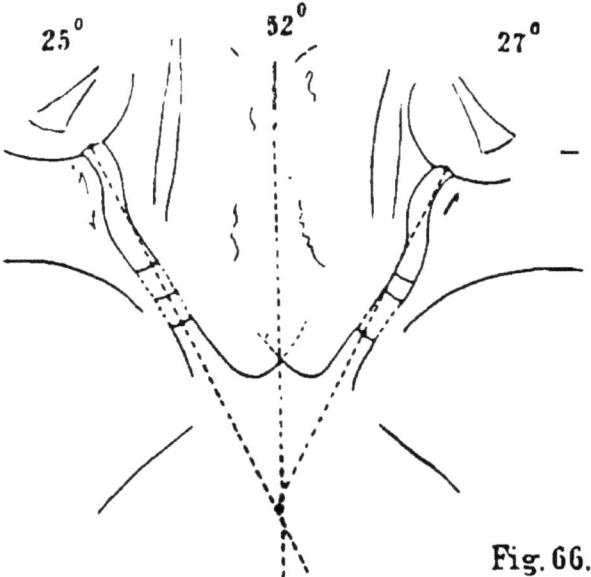

Fig. 66.

Verlauf der Sehnerven. R.: Nahezu horizontal. Nach Austritt aus
dem Canal. optic. ein kleines Stück nach vorn, dann leicht geneigt
nach innen. Im letzten Drittel ein wenig nach oben und aussen zum
Bulbus. L.: Erst nach aussen-vorn, dann ziemlich gerade nach vorn,
dabei ein wenig nach unten geneigt; im letzten Drittel ein klein wenig
nach oben und nach aussen zum Bulbus.

Canal. optic. ungefähr in gleicher Höhe mit Insertion am Bulbus.
Schädel: Längsd. = 16 Cm., Querd. = 14,5, Diagonald. R. u. L. 15,8.
Orbita-Eingang: Höhe = 31 Mm., Breite = 35.

Wird der Obliquus bei Ruhelage angespannt, so wird der Augapfel
nach oben-innen gerollt. *Der Sehnerv* bleibt dabei *ruhig.* Bei Rollung
nach innen-unten *links Sehnerv gespannt. rechts gestreckt.* Die *Trochlea
liegt hoch,* die Sehne des Obliquus liegt dem Augapfel nur ein kurzes
Stück an.

R. Auge: Achse = 22. Aequat.d. horiz. 24,0, vertik. 22,75.
Die Sklera im Aequator sehr dünn.
Links erscheint die Eintrittsstelle des Sehnerven rund.

67. Fall.

G., Anton, 62 J., Taglöhner von Pf. Nephritis. Ex. 24. V.
85. N. 5. Sekt. 25. N. 2. K.-L. 1,75. Sch.-B. 0,32.
L. d. Opt. R.: in situ 20, gestr. 24, Diff. 4. L. d. Can. opt. —
L.: » » 20,5, » 26, » 5,5. » » » » —
Abst. d. Can. opt. 31. Abst. d. Bulbi 54.

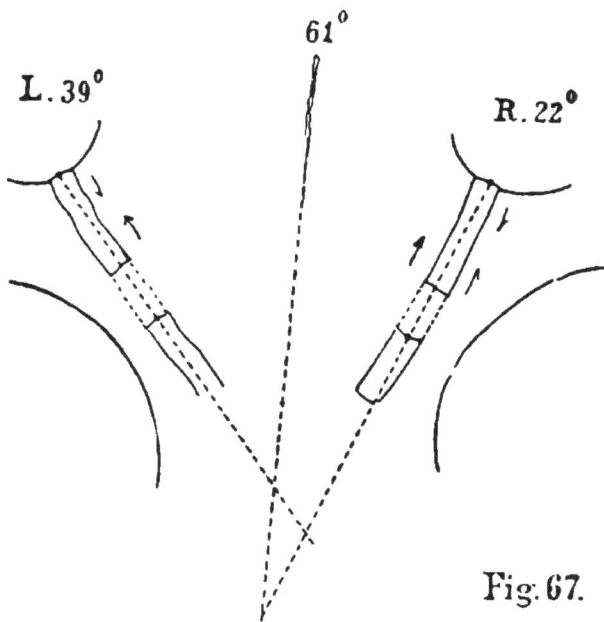

Fig. 67.

Verlauf der Sehnerven. R.: Von der Verwachsungsstelle stark aufsteigend nach aussen, dann allmählich zum Bulbus absteigend. L.:
Erst stark nach oben und aussen, dann ein wenig mehr nach innen,
zuletzt wieder mehr nach aussen zum Bulbus absteigend.

Bei Bewegung nach innen-unten wird *rechts der Nerv gespannt.*
Durchmesser des rechten Auges c. 24,5 Mm.

68. Fall.

L., Ludwig, 64 J., Taglöhner von S. Hydroceph. Ex.
9. XII. 85. V. 2. Sekt. 9. XII. N. 2. K.-L. 1,6. Sch.-B. 0,42.
L. d. Opt. R.: in situ 22,5, gestr. 26, Diff. 3,5. L. d. Can. opt. 9.
L.: » » 17, » 22,5, » 5,5. » » » » —
Abst. d. Canal. opt. 23,5. Abst. d. Bulbi 60,5.

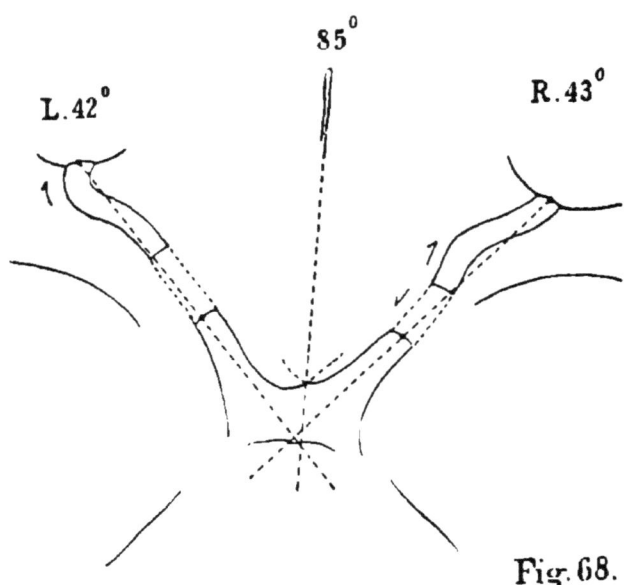

L.42°   85°   R.43°

Fig. 68.

Verlauf der Sehnerven beiderseits ziemlich horizontal (resp. nach
dem Bulbus zu ein wenig aufsteigend). R.: Im Canal. optic. nach
aussen und etwas nach unten, dann ein wenig aufsteigend nach vorn,
dann nach aussen nahezu horizontal zum Bulbus. L.: Im Canal. opt.
etwas nach aussen, dann stärker nach aussen, zuletzt ziemlich gerade
nach vorn und etwas nach oben.

Canal. optic. tiefer als Insertion am Bulbus.

Werden die Bulbi nach innen-unten rotiert, so werden dabei die
Sehnerven gezerrt.

69. Fall.

K., Katharine, 51 J., von O. Pneumonie. Ex. 4. XI. 85.
N. 10. Sekt. 5. XI. N. 2. K.-L. 1,55. Sch.-B. 0,39.
L. d. Opt. R.: in situ 17,5, gestr. 20,5, Diff. 3,0. L. d. Can. opt. 7,5.
    L.: »   » 16,   » 21,5,   » 5,5. » »   »   » 7.
Abst. d. Can. opt. 23. Abst. d. Bulbi 52,0.

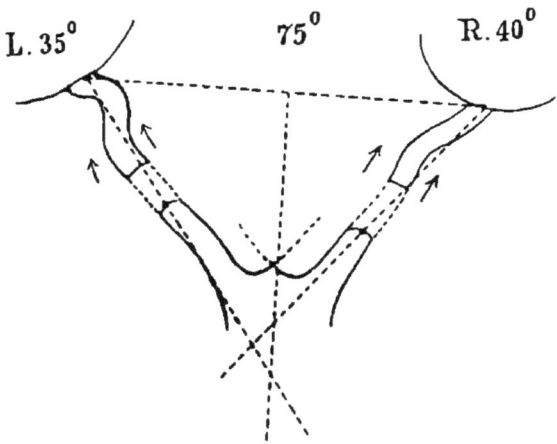

Fig. 69.

Verlauf der Sehnerven. R.: Nach Austritt aus dem Canal. optic. stark nach oben, dann fast horizontal nach aussen herüber zum Bulbus. Dabei Torsion bemerklich in dem Sinn, dass der Nerv nach rechts gedreht erscheint. L.: Nach Austritt aus dem Canal. optic. nach oben, dann gerade nach vorn, dann brüske Umbiegung (dicht hinter dem Bulbus) nach aussen zum Bulbus.

Canal. optic. bedeutend tiefer als Insertion am Bulbus.

Bulbus: Sagittald. gut 24, Aequat.d. horiz. gut 25 Mm.

Beiderseits *Spannung*, resp. Zerrung des Sehnerven, wenn das Auge nach unten-innen rotiert wird, *rechts mehr.*

70. Fall.

H., Susanne, 68 J., von W. Mastdarmkrebs. Ex. 1. VII. 86. N. 6. Sekt. 2. VII. N. 2. K.-L. 1,5. Sch.-B. 0,34.

L. d. Opt. R.: in situ 17, gestr. 22, Diff. 5. L. d. Can. opt. 8,5.

L.: » » 16, » 21, » 5. » » » » 10.

Abst. d. Can. opt. 26,5. Abst. d. Bulbi 54.

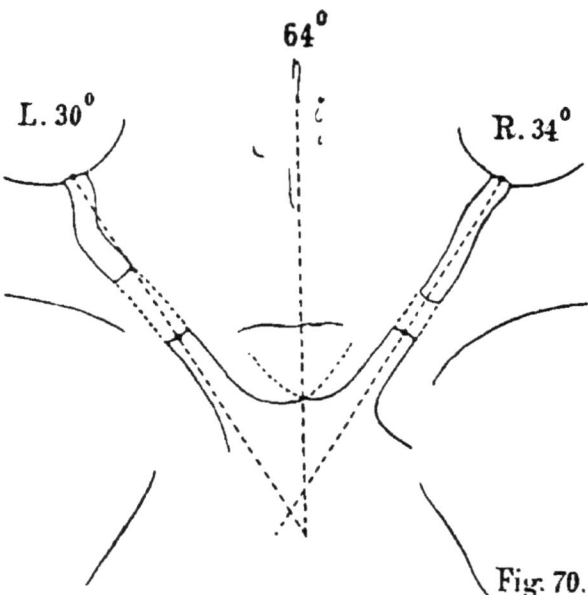

Fig. 70.

Verlauf der Sehnerven beiderseits ziemlich gleich. Im Grossen und Ganzen horizontal. Anfangs nach aussen-vorn, dann mehr gerade nach vorn, zuletzt wieder nach aussen-vorn. Dabei macht es den Eindruck, als sei der Nerv von innen nach aussen gedreht.

Can. optic. ungefähr in gleicher Höhe mit der Insertion am Bulbus.

Bei Bewegung nach innen-unten wird der Sehnerv knapp *gestreckt, nicht gezerrt.*

L. Bulbus: Sagitald. 23. Aequat.d. horizont. 24, vertik. 23.

135

71. Fall.

M., Johann, 29 J., Schlosser von D. Phthis. pulm. Ex.
7. II. 86. N. 5. Sekt. 8. II. N. 2. K.-L. 1,.7 Sch.-B. 0,46.
L. d. Opt. R.: in situ 19, gestr. 24, Diff. 5. L. d. Can. opt. 11.
L.: » » 19, » 24, » 5. » » » , 11,5.
Abst. d. Can. opt. 26. Abst. d. Bulbi 52.

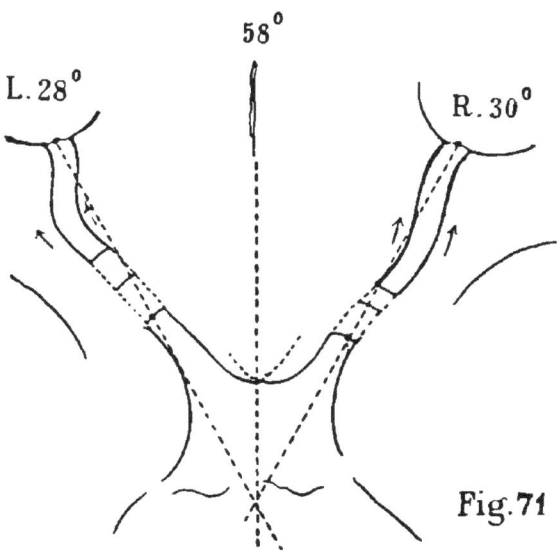

Fig.71

Verlauf der Sehnerven beiderseits ziemlich gleich. Im Can. optic.
nach aussen-unten-vorn, dann noch ein kleines Stück weiter in gleicher
Richtung, dann steil nach oben und zuletzt nahezu horizontal (etwas
nach unten geneigt) zum Bulbus.

Canal. optici tiefer als Insertion am Bulbus.

Links sieht es aus, als ob der Sehnerv um seine Längsachse und
zwar von aussen nach innen torquiert wäre.

Bei Bewegung des Auges nach innen-unten wird der Sehnerv noch
nicht einmal ganz gestreckt (äusserer unterer Teil des Sehnerven relativ
am meisten).

72. Fall.

H., 26 J., Knecht von K. Ulcus ventric. Ex. 31. X. 86.
N. 7. Sekt. 1. XI. N. 2. K.-L. 1,78. Sch.B. 0,42.
L. d. Opt. R.: in situ 16, gestr. 20,5, Diff. 4,5. L. d. Can. opt. 8.
L.: » » 17, » 22, » 5. » » » » » 9.
Abst. d. Canal. opt. 28. Abst. d. Bulbi 45.

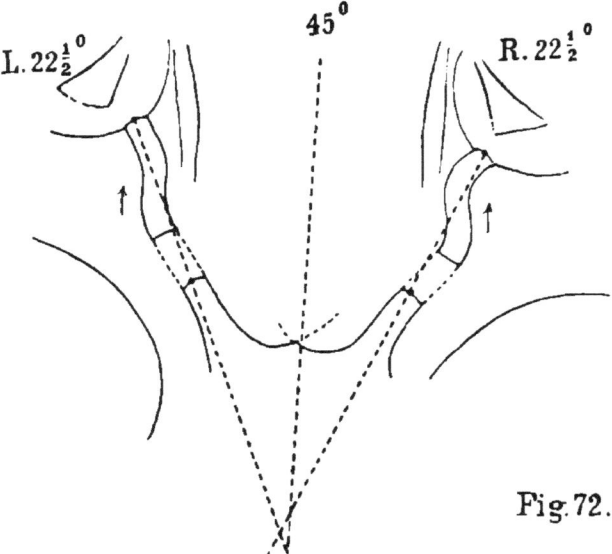

Fig. 72.

Verlauf der Sehnerven: Erst nach aussen-vorn, dann nahezu gerade nach vorn, dabei stark aufsteigend, zuletzt mit leichter Biegung nach aussen zum Bulbus. — Canal. optic. tiefer als Insertion am Bulbus.

Bei Anziehung des M. obliq. sup. Rollung des Bulbus, keine Zerrung am Optikus. Die Eintrittsstelle desselben am Bulbus wird nur ein klein wenig mitbewegt, nicht gezerrt.

Hat man den hinteren Pol durch einen Punkt markiert und achtet man nun auf die Lage desselben bei Bewegungen des Auges, so kann man bemerken, dass bei Rotation nach innen-unten der hintere Pol zwischen Rect. sup. und Rect. extern. zu liegen kommt. Bei dieser Stellung ist es denkbar, dass durch Kompression auf den Bulbus eine dünne hintere Bulbuswandung etwas ausgebuchtet wird. Vielleicht steht damit eine Beobachtung von Schneller (Naturforscher-Vers. in Berlin 1886) in Zusammenhang. Dieser will gefunden haben, dass bei Bewegung nach innen-unten das Auge für etwas grössere Nähe eingestellt werden kann. — Werden die Bulbi nach innen-unten rotiert, so werden die *Sehnerven gestreckt.* — Die Länge des rechten Auges beträgt ca. 24 Mm. — An dem excidierten hinteren Abschnitt des linken Auges erscheint die *Papille nicht ganz rund.* — Die Sklera ist an der Eintrittsstelle des Sehnerven am rechten Auge etwas dünn.

73. Fall.

G., Heinrich, 69 J., Pfründner von M. Pleuritis. Ex. 30.
X. 85. N. 10. Sekt. 31. X. N. 2. K.I. 1,7. Sch.-B. 0,39.
L. d. Opt. R.: in situ 19, gestr. 23,5, Diff. 4,5. L. d. Can. opt. 8,5.
L.: » » 20, » 2 , » 5. » » » » 9,5.
Abst. d. Can. opt. 22. Abst. d. Bulbi 49.

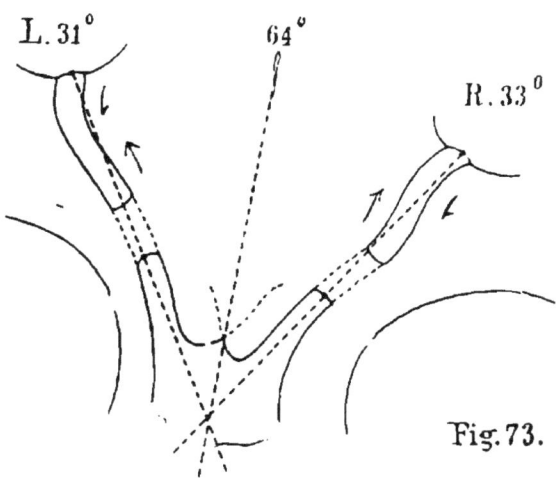

Fig. 73.

Verlauf der Sehnerven. R.: Nach Austritt aus dem Canal. optic.
ziemlich stark nach oben und dabei nahezu gerade nach vorn; dann
etwas nach unten geneigt zum Bulbus nach aussen. L.: Nach Austritt aus dem Canal. optic. nach aussen und ziemlich stark nach oben,
dann weniger stark nach aussen und etwas nach unten geneigt.

Canal optic. tiefer als Insertion am Bulbus.

Bei Bewegungen nach innen-unten *mässige Zerrung* am Optikus.

Die Papille erscheint links *nahezu rund.*

R. Auge: Kleine Narbe in der Hornhaut. Katarakt, vermutlich
Kataract. traumatic. Links keine Katarakt.

R. Auge: Achsenlänge knapp 24 Mm.

74. Fall.

B., Margarethe, 74 J., von D. Herzerweiterung. Ex.
9. IV. 86. V. 5. Sekt. 9. IV. N. 2. K.-L. 1,6. Sch-B. 0,39.
L. d. Opt. R.: in situ 22, gestr. 27, Diff. 5. L. d. Can. opt. 9.
L.: » » 19, » 23, » 4. » » » » 10.
Abst. d. Can. opt. 19. Abst. d. Bulbi 54.

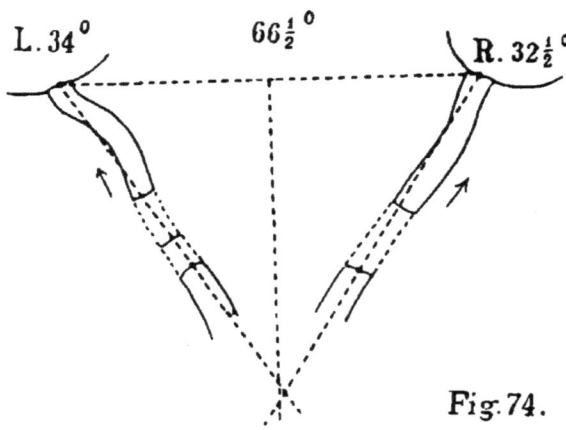

Fig. 74.

Verlauf der Sehnerven. R.: Nach Austritt aus dem Canal. optic.
nach aussen-oben, dann nahezu horizontal zum Bulbus, dabei weniger
stark nach aussen. L.: Anfangs nach oben-aussen, dann stärker nach
aussen zum Bulbus, fast horizontal.

Canal. optici tiefer als Insertion am Bulbus.

Werden die Bulbi nach innen-unten rotiert, am linken Sehnerven
Zerrung, rechts wird der Sehnerv *gestreckt*, aber *nicht gezerrt*.

L. Bulbus: Sagittald. c. 24 Mm. Aequat.d. horiz. c. 23,5, vertik.
c. 23,5.

75. Fall.

M., Leonhard, 19 J., Gymnas. von M. Selbstmord. Ex.
6. XII. 86. N. 4. Sekt. 7 XII. N. 2. K.-L. 1,75. Sch.-B. 0,45.
L. d. Opt. R.: in situ 15, gestr. 20, Diff. 5. L. d. Can. opt. 11.
       L.: » » 15,5, » 19,5, » 4. » » » » 13.
Abstand d. Canal. opt. 28. Abst. d. Bulbi 53.

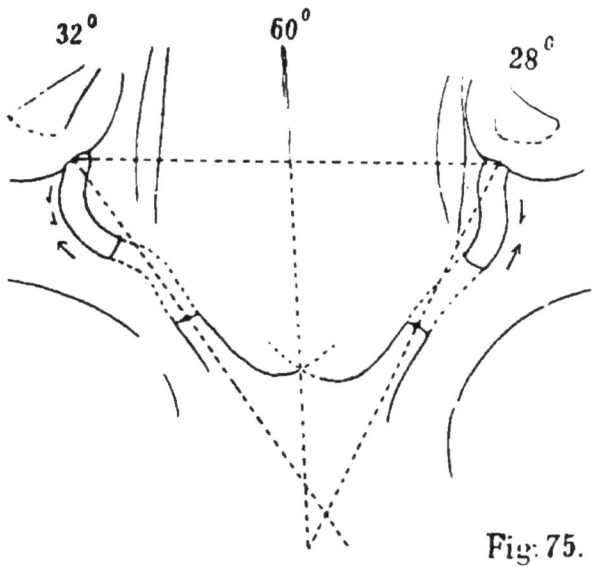

Fig. 75.

Verlauf der Sehnerven. R.: Nach Austritt aus dem Canal. optic.
etwas nach aussen und oben, dann nach innen-vorn umbiegend und
dabei ein klein wenig nach unten geneigt zum Bulbus (die letzten zwei
Drittel). L.: Erst nach aussen und ein klein wenig nach oben. Letzte
zwei Drittel gerade nach vorn nahezu horizontal.

Canal. optici etwas tiefer als Insertion am Bulbus (aber nicht viel).
Die beiden Sehnerven sind etwas bläulich, links mehr (Blut im Zwischenscheidenraum). Links im M. rect. super. ein kleiner Bluterguss
(der Schusskanal geht über die linke Orbita weg).

Hat eine schwache Conkavbrille getragen.

Eingang des Schusskanals oberhalb der Orbita an der linken Schläfe.
Werden bei Ruhelage der Augen die Obliqui angezogen, so werden die Bulbi beiderseits etwas nach oben-innen gerollt. Der Sehnerv
bleibt dabei nahezu ruhig. — Werden die Bulbi mit Fixationspincette
gefasst und nach innen-unten rotiert, so werden die *Sehnerven stark gespannt. links mehr.* Werden alsdann — nach Drehung der Bulbi nach
innen-unten — die Obliq. super. angespannt, so wird rechts die Eintrittsstelle des Sehnerven etwas gehoben, links nicht.

76. Fall.

N., Karoline, 36 J., von A. Phthis. pulm. Ex. 27. I. 86.
N. II. Sekt. 28. I. N. 2. K.-L. 1,66. Sch.-B. 0,38.
L. d. Opt. R.: in situ 19,0, gestr. 23,5. Diff. 4,5. L. d. Can. opt. 8.
      L.: » » 18,5, » 23,5, » 5. » » » » 10.
Abst. d. Can. opt. 24. Abst. d. Bulbi 54.

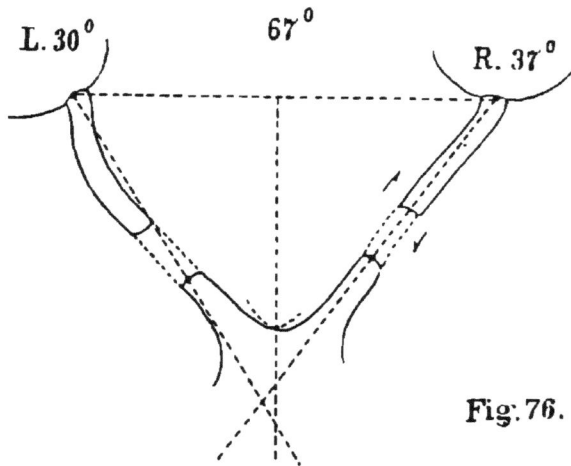

Fig. 76.

Verlauf der Sehnerven. R.: Im Canal. optic. nach aussen-vorn und etwas nach unten. Nach Austritt aus demselben etwas aufsteigend, dann fast horizontal nach aussen herüber zum Bulbus. L.: Verlauf ähnlich, nur zuletzt nach dem Bulbus zu etwas mehr gerade nach vorn.

Canal optic. bedeutend tiefer als Insertion am Bulbus.

Schädel: grösster Querd. = 15,25, gr. Sagittald. = 17,0, zwei schräge D. 16,5 C.

Bei Bewegung nach innen-unten werden die *Sehnerven gestreckt, nicht gezerrt.*

Die Papille erscheint rechts annähernd rund, die Eintrittsstelle der Gefässe etwas *näher dem inneren Rande.*

77. Fall.

S c h l., J o h a n n c s, 72 J., Küfer von H. Marasm. senil.
Ex. 30. X. 85. V. 11. Sekt. 31. X. N. 2. K.-L. 1,63. Sch.-B. 0,39.
L. d. Opt. R.: in situ 23, gestr. 27, Diff. 4. L. d. Can. opt. 7.
L.: » » 21, » 26, » 5. » » » » » 9.
Abst. d. Can. opt. 21,0. Abst. d. Bulbi 51.

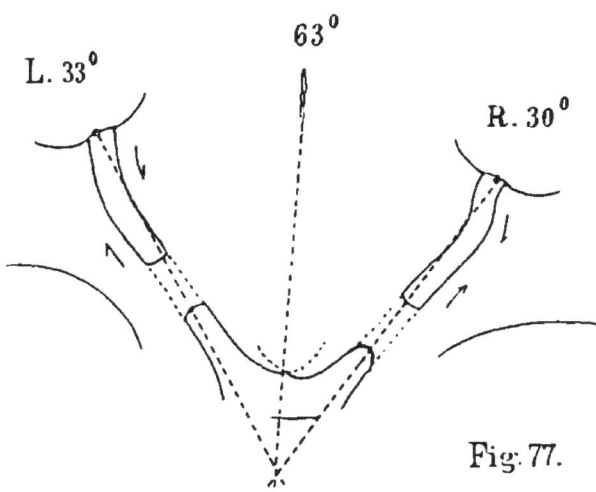

Fig. 77.

Verlauf der Sehnerven. R.: Im Canal. optic. nach aussen-vorn;
nach Austritt aus diesem leicht nach oben-aussen, dann ziemlich gerade nach vorn und etwas nach unten geneigt. L.: Verlauf ungefähr
derselbe wie rechts.

Canal. optici beiderseits höher als Insertionsstelle am Bulbus.

Werden die Bulbi nach innen-unten rotiert, so werden die Sehnerven *beiderseits stark gespannt*.

An dem excidierten hinteren Bulbusabschnitt des rechten Auges
erscheint die *Papille nach aussen verzogen*, die Eintrittsstelle der Gefässe
näher dem inneren Rande.

78. Fall.

K., Karl, 71 J., Pfründner von M. Phthis. pulm. Ex. 18. VII. 85. N. 9. Sekt. 19. VII. N. 2. K.-L. 1,69. Sch.B. 0,42. L. d. Opt. R.: in situ 21, gestr. 25, Diff. 4. L. d. Can. opt. 10. L.: » » 21, » 26, » 5. » » » » 10. Abst. d. Can. opt. 24. Abst. d. Bulbi 56.

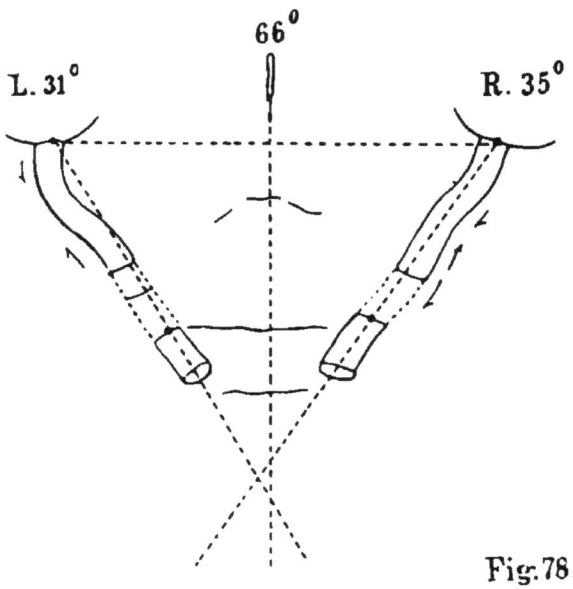

Fig. 78.

Verlauf der Schnerven. R.: Innerhalb des Canal. optic. verläuft der Optikus leicht nach unten-aussen, dann macht er eine Krümmung nach oben-aussen, die ziemlich stark ist, dann etwas nach aussen absteigend geht er schliesslich nahezu horizontal zum Bulbus. Die Insertion am Bulbus liegt ungefähr in der gleichen Höhe wie der Canal. optic. L.: Innerhalb des Can. opt. verläuft der Sehnerv nahezu horizontal nach aussen, dann zieht er stark nach oben-aussen und geht dann, mit einer geringen Biegung nach unten, zum Bulbus.

Wird der Bulbus nach unten-innen rotiert, so findet am Sehnerven nur *eine mässig starke Zerrung* statt; dabei dreht sich der Bulbus so, dass der äussere untere Rand der Eintrittsstelle des Sehnerven so zu liegen kommt, dass er die grösste Zerrung erleidet.

79. Fall.

M., Barbara, 71 J., Taglöhnerin von O. Morb. Bright. Ex.
27. VIII. 85. N. 7. Sekt. 28. VIII. N. 2. K.-L. 1,68. Sch.-B. 0,36.
L. d. Opt. R.: in situ 18,5, gestr. 23,5, Diff. 5. L. d. Can. opt. 7.
L.: » » 17, » 21, » 4. » » » » 8.
Abst. d. Can. opt. 24. Abst. d. Bulbi 54.

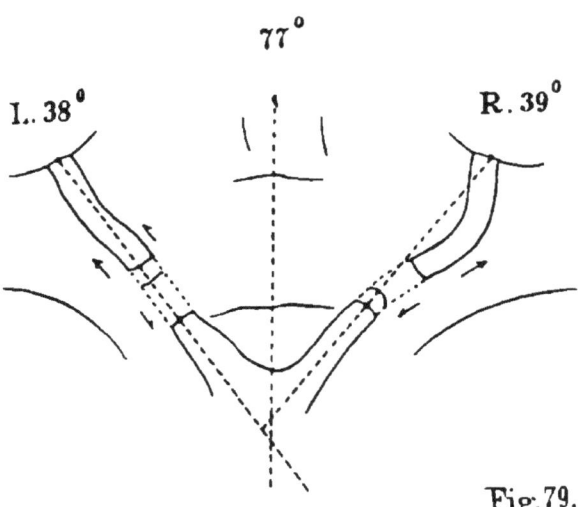

Fig. 79.

Verlauf der Sehnerven. R.: Fast horizontal; innerhalb des Canal.
optic. erst ein klein wenig nach unten-aussen, dann nach Austritt
aus diesem etwas mehr nach aussen und nach oben, dann etwas geneigt ziemlich gerade nach vorn zum Bulbus, dabei deutlich Torsion
des Nerven. L.: Im Canal. optic. ein klein wenig nach unten-aussen,
dann nach aussen-oben (mit stärkerer Biegung als rechts), dann nach
vorn und ein wenig nach aussen.

Canal. optic. beiderseits kaum höher als Insertionsstelle am Optikus.
Bei Bewegung des Auges *mässig starke Zerrung am Optikus.*
Rechts kleine weissliche Fleckchen im Augenhintergrund.

80. Fall.

H., Barbara, 66 J., von D. Lungenemphysem. Ex. 8. V.
86. N. 1. Sekt. 9. V. N. 2. K.-L. 1,4. Sch.-B. 0,36.
L. d. Opt. R.: in situ 19, gestr. 23,5, Diff. 4,5. L. d. Can. opt. 11.
      L.: » » 20, » 24, » 4,0. » » » » 11.
Abst. d. Canal. opt. 21,5. Abst. d Bulbi 54.

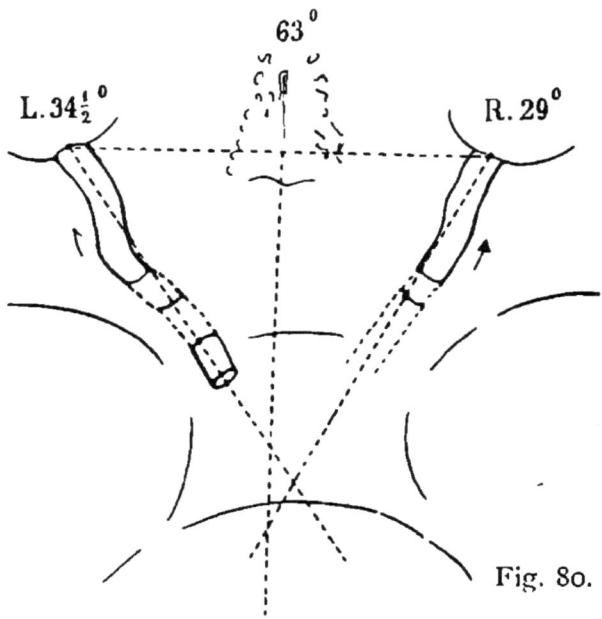

Fig. 80.

Verlauf der Sehnerven beiderseits ziemlich gleich, geringe Krümmung.
Nach Austritt aus dem Canal. optic. ein wenig nach oben und etwas
nach aussen, dann mehr gerade nach vorn und etwas stärker aufsteigend. Zuletzt nahezu horizontal etwas nach aussen herüber zum Bulbus.
    Can. optic. ein wenig tiefer als Insertion des Sehnerven am Bulbus.
    Wird das Auge nach aussen-unten rotiert, *mässig starke Zerrung
am Optikus*, dabei Rotation derart, dass der untere äussere Rand des
Sehnerven am meisten gezerrt wird.
    Länge des herausgenommenen Bulbus = c. 23 Mm. Aequat.d.
horiz.   c. 23, vert. = c. 23 M.
    Zu Lebzeiten wurde ophthalmoskopisch die Refraktion bestimmt.
*Ophthalmoskop: starke Verbreiterung des Skleralrings, bezw. schmaler
Conus. Die Centralgefässe sehr viel näher dem inneren Rande. Refraktion:
Emmetropie bis Myopie.*

81. Fall.

C., Josef, 25 J., Erdarbeiter von F. Erstickung im Luft-kasten beim Brückenbau. Ex. 28. X. 85. V. 9. Sekt. 30. X. N. 2. K.-L. 1,65. Sch.-B. 0,42.

L. d. Opt. R.: in situ 20, gestr. 24,5, Diff. 4,5. L. d. Can. opt. 11.

L.: » » 21, » 24,5, » 3,5. » » » » 11.

Abst. d. Can. opt. 21. Abst. d. Bulbi 54,5.

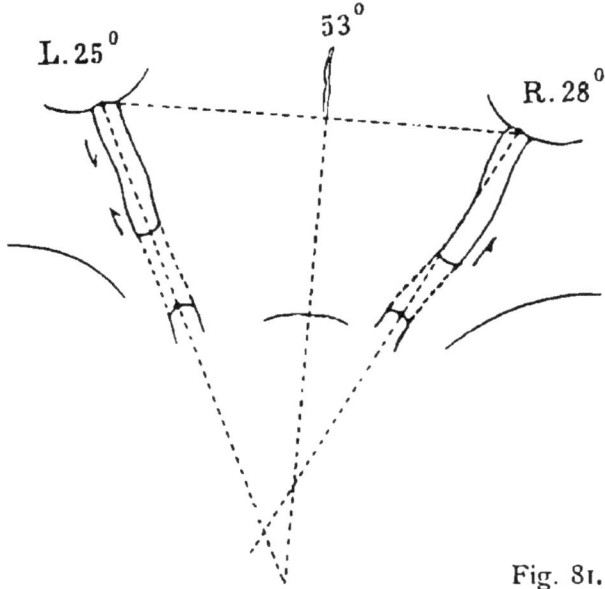

Fig. 81.

Verlauf der Sehnerven. R.: Im Canal. optic. ziemlich horizontal nach aussen (wie auch links). Nach Austritt aus dem Canal. optic. ge-ringe Biegung nach oben und dann ziemlich gerade zum Bulbus. L.: Nach Austritt aus dem Canal. optic. nach oben und etwas nach aussen, dann ziemlich gerade nach vorn und schliesslich etwas nach aussen (dabei ein wenig nach unten geneigt) zum Bulbus.

Werden die Bulbi nach innen-unten rotiert, *Zerrung am Optikus.*

Papille erscheint an dem excidierten hinteren Bulbusabschnitt nicht ganz rund.

Weiss.   10

82. Fall.

G., Friedrich, 46 J., Scherenschleifer von M. Phthis.
Ex. 16. X. 85. V. 7. Sekt. 17. X. N. 2. K.-L. 1,55. Sch.-B. 0,4.
L. d. Opt. R.: in situ 19, gestr. 23, Diff. 4. L. d. Can. opt. 10.
L.: » » 19,5, » 23,5, » 4. » » » » 9.
Abst. d. Can. opt. 27,5. Abst. d. Bulbi 59.

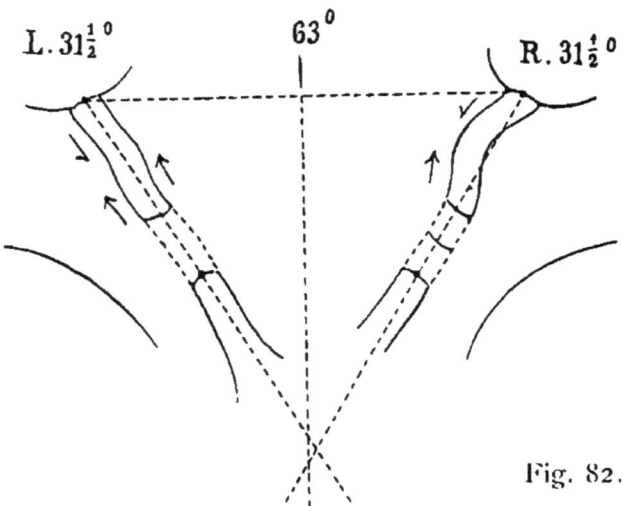

Fig. 82.

Verlauf der Sehnerven. R.: Nach Austritt aus dem Canal. optic.
nach oben-innen, dann nahezu horizontal nach aussen zum Bulbus.
L.: Hauptrichtung des Nerven von hinten-innen nach vorn und aussen.
Dabei macht der Nerv in dieser Richtung eine ziemlich starke Biegung
nach oben, um gegen den Bulbus hin leicht abzufallen.

Der Schädel wurde schon gestern geöffnet. Hinterer Teil des Sehnerven etwas ausgetrocknet, der Nerv dünn. Nach dem Bulbus zu erscheint der Nerv merklich dicker.

Wird das Auge nach innen-unten rotiert, so findet *trotz der Kürze*
des Nerven *keine starke Zerrung* desselben statt.

Vorgeschrittene Verwesung.

83. Fall.

H., Christian, 42 J., Fabrikarbeiter von B. Phthis. pulm.
Ex. 26. I. 86. V. 6. Sekt. 27. I. N. 2. K.-L. 1,64. Sch.-B. 0,39.
L. d. Opt. R.: in situ 16, gestr. 20,0, Diff. 4.   L. d. Can. opt. 10.
     L.: » » 16, » 19,5, » 3,5. » » » » 9.
Abst. d. Can. opt. 23,5.   Abst. d. Bulbi 56.

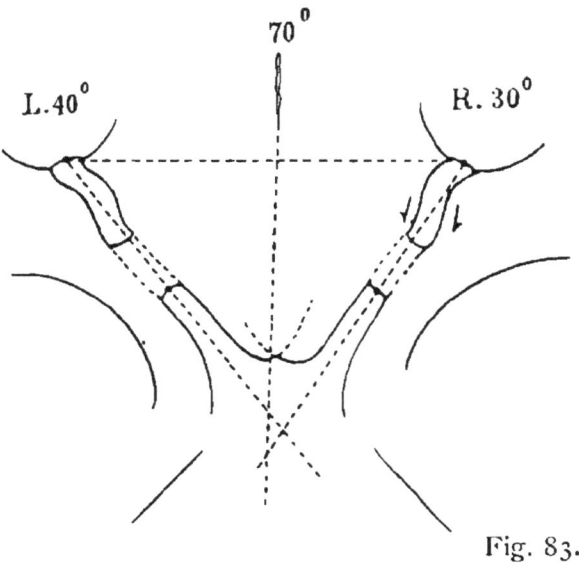

Fig. 83.

Verlauf der Sehnerven. R.: Nach Austritt aus dem Canal. optic.
nach unten und aussen, dann etwas aufsteigend gerade nach vorn,
zuletzt horizontal nach aussen zum Bulbus. L.: Nahezu horizontal
mit leichtem Bogen (Konvexität medialwärts) nach aussen zum Bulbus.

Beiderseits treten die Sehnerven seitlich an den Bulbus heran.

Werden die Bulbi nach innen-unten rotiert, so tritt dabei *starke
Zerrung* am Optikus auf. Der Sehnerv erscheint besonders rechts in
den Bulbus eingestülpt, die Sklera im hinteren Abschnitt sehr dünn.

Der rechte Bulbus hat eine Achsenlänge von über 25 Mm. An
dem excidierten hinteren Bulbusabschnitt erscheint die Sklera sehr dünn,
die Chorioidea stellenweise sehr pigmentarm. Augengrund durchweg
licht. Die Eintrittsstelle des Sehnerven erscheint abnorm gross (Conus,
der sich an die Papille anschliesst). Gegen das Licht gehalten Augengrund an vielen Stellen durchscheinend.

84. Fall.

E., Gottlieb, 34 J., Taglöhner von M. Pleuritis. Ex. 12.
XI. 85. V. 12. Sekt. 13. XI. N. 2. K.-L. 1,58. Sch.-B. 0,38.
L. d. Opt. R.: in situ 16,5, gestr. 20,5, Diff. 4. L. d. Can. opt. 11.
L.: » » 18, » 21,5, » 3,5. » » » » 11.
Abst. d. Can. opt. 21,5. Abst. d. Bulbi 52,5.

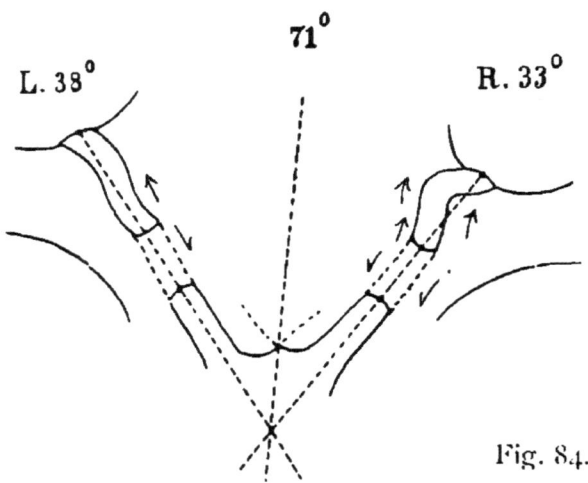

Fig. 84.

Verlauf der Sehnerven. R.: Im Canal. optic. nach unten-aussen,
dann nach vorn und etwas nach oben, dann stark aufsteigend nach
aussen, dabei Torsion in dem Sinne, dass der Nerv wie nach rechts
verdreht erscheint. L.: Im Canal. optic. nach aussen-unten, dann
nach oben und etwas nach aussen, dann nach aussen fast horizontal
herüber zum Bulbus.

Canal. optici tiefer als Optikusinsertion am Bulbus.

Wird der Bulbus nach innen-unten rotiert, *starke Zerrung an der
Insertionsstelle.* Sklera im hinteren Abschnitt um die Eintrittsstelle des
Optikus herum *bläulich durchscheinend; exquisiter Langbau.*

Aeusserer Sagittaldurchmesser = ca. 27—28 Mm.

Der Bruder, den ich zum öftern genau untersuchen konnte, ist
gleichfalls höchstgradig kurzsichtig. Mit konkav 24 Dioptr. beste Korrektion bei stark herabgesetzter Sehschärfe. Ophthalmoskopisch: grosses
ringförmiges Staphyloma posticum mit stärkster Entwicklung nach der
temporalen Seite und chorioidit. Veränderungen in der Makulagegend.

85. Fall.

W., Sofie, 40 J., von R. Tumor cerebri. Ex. 3. X. 85.
N. 4. Sekt. 4. X. N. 2. K.-L. 1,6. Sch.-B. 0,33.
L. d. Opt. R.: in situ 18, gestr. 21,5, Diff. 3,5. L. d. Can. opt. 9.
   L.: » » 18, » 22, » 4. » » » » 9.
Abst. d. Can. opt. 20. Abst. d. Bulbi 45.

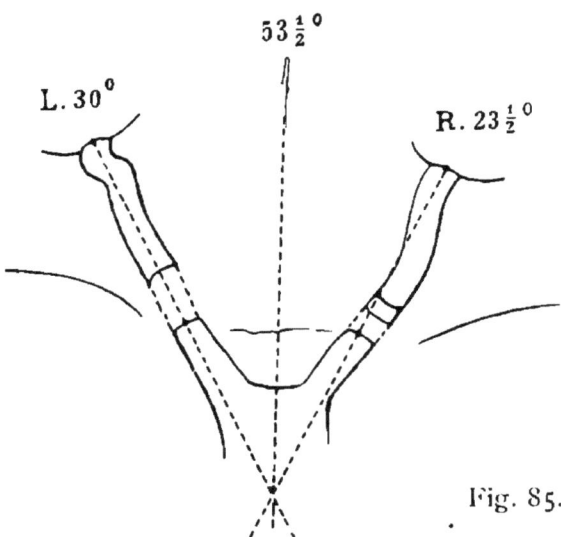

Fig. 85.

Verlauf der Sehnerven. R. und L. ziehen die Sehnerven ziemlich
gerade nahezu in der Horizontalebene nach aussen und vorn.

Beiderseits Canal. optic. ein wenig höher als Insertionsstelle am
Bulbus.

Bei Bewegungen nach unten-innen *Zerrung* am Optikus, *rechts mehr.*
Dabei Drehung bemerklich, so dass der äussere Papillenrand am stärksten gezerrt wird (zwei schwarze Punkte auf Sklera resp. Sehnerven aufgezeichnet und an deren Verhalten Drehung beobachtet).

86. F a l l.

W., J o s e f, 27 J., Feilenhauer von A. Phthis. pulm. Ex.
1. VII. 85. V. 2. Sekt. 1. VII. N. 2. K.-L. 1,79. Sch.-B. 0,43.
L. d. Opt. R.: in situ 19, gestr. 22,5, Diff. 3,5. L. d. can. opt. —.
      L.: » » 20, » 24, » 4. » » » » —.
Abst. d. Can. opt. 23. Abst. d. Bulbi 51,5.

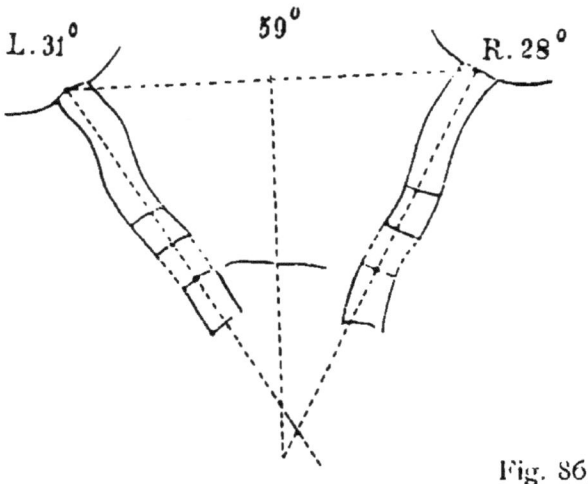

Fig. 86.

Verlauf der Sehnerven. R.: Der Sehnerv verläuft nahezu horizontal.
Nach Austritt aus dem Canal. optic. erst ein klein wenig nach aussen-
unten, dann etwas nach innen, zuletzt horizontal nach aussen und vorn
zum Bulbus. L.: Der Sehnerv verläuft nahezu in der Horizontalebene.
Vom Canal. opt. erst ein wenig nach unten-aussen, dann nach oben-
aussen (wenig), dann mit leichter Biegung (Konvexität nach innen-vorn)
nach aussen und vorn.

Wenn der Bulbus nach unten-innen rotiert wird, *starke Zerrung* an
der Insertionsstelle des Optikus in den Bulbus.

87. Fall.

W., Marie, 34 J., Dienstmagd von B. Tubercul. Ex. 12.
XI. 85. V. 11. Sekt. 13. XI. N. 2. K.-L. 1,65. Sch.-B. 0,4.
L. d. Opt. R.: in situ 22, gestr. 25, Diff. 3. L. d. Can. opt. 8.
      L.: » » 20, » 24, » 4. » » » » 9.
Abst. d. Can. opt. 23,5. Abst. d. Bulbi 50,5.

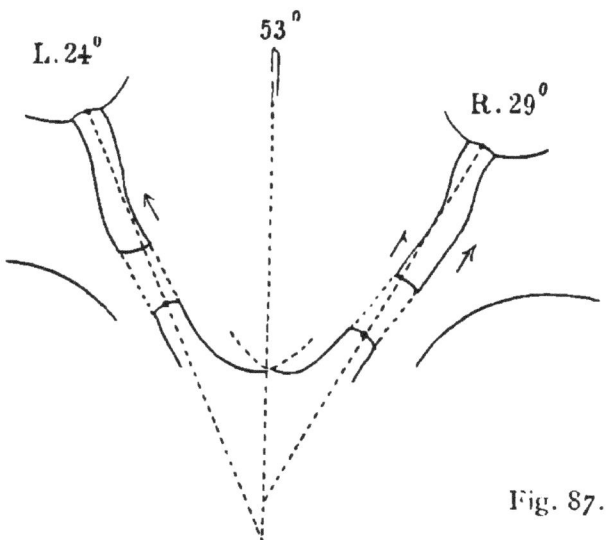

Fig. 87.

Verlauf der Sehnerven. R.: Im Canal. optic. nach aussen, nach
Austritt aus diesem stark nach oben und aussen, zuletzt nahezu hori-
zontal und fast gerade nach vorn. L.: Ungefähr der gleiche Verlauf.
Canal. optic. tiefer als Optikusinsertion am Bulbus.
Wird das Auge nach unten-innen rotiert, so wird der Sehnerv
mässig stark gezerrt.

88. Fall.

R., **Katharine**, 16 J., Falzmädchen von M. Phthis. Ex.
24. X. 85. V. 1. Sekt. 25. X. N. 2. K.-L. 1,58. Sch.-B. 0,32.
L. d. Opt. R.: in situ 18, gestr. 21,5. Diff. 3,5. L. d. Can. opt. 9.
L.: » » 19, » 22,5, » 3,5. » » » » 8.
Abst. d. Can. opt. 21,5. Abst. d. Bulbi 48,5.

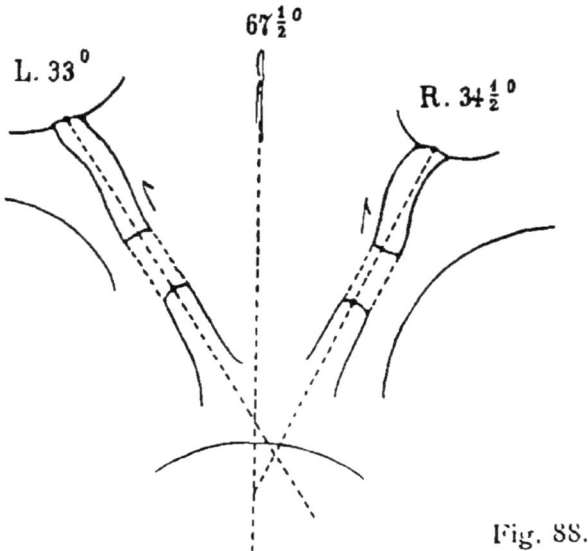

Fig. 88.

Verlauf der Sehnerven. K.: Im Canal. optic. ein wenig nach unten-aussen. Nach Austritt aus diesem nach oben und innen, dann schräg herüber nach aussen zum Bulbus, dabei ein klein wenig nach unten geneigt. L.: Verlauf im Grossen und Ganzen nach vorn und aussen, dabei nahezu horizontal (Ganz leichte Krümmung nach innen-oben.)

Werden die Augen nach innen und unten rotiert, so tritt *mässig starke Zerrung* am Optikus auf.

An dem ausgeschnittenen hintern Bulbusabschnitt des rechten Auges ist bei trüber Netzhaut das Verhalten der Papille makroskopisch nicht deutlich zu erkennen.

Starke Abmagerung. Verwesung weit vorgeschritten.

In den zu Gruppe III gehörigen (27) Fällen war das Abrollungsstück 5½ Mm. gross und kleiner. Wie aus der nachstehenden Zusammenstellung ersichtlich ist, betrug die Grösse des Abrollungsstücks

$$
\begin{array}{rcl}
9 \text{ mal} & 5,5 & \text{Mm.} \\
14 \text{ »} & 5,0 & \text{»} \\
7 \text{ »} & 4,5 & \text{»} \\
14 \text{ »} & 4,0 & \text{»} \\
8 \text{ »} & 3,5 & \text{»} \\
\text{u. } 2 \text{ »} & 3,0 & \text{»} \\
\hline
54.
\end{array}
$$

37 mal wurde Zerrung am Sehnerven beobachtet, wenn das Auge nach unten-innen gedreht wurde (mässig stark 31 mal, stark 6 mal).

15 mal wurde der Nerv gestreckt bezw. gespannt (aber nicht eigentlich gezerrt)

u. 2 mal wurde er noch nicht ganz gestreckt (Fall 71)
_____
54.

Da, wo keine Zerrung stattfand, war das Abrollungsstück 5,5 und 5,0 Mm. gross. Wie oben schon bemerkt wurde, wäre es vielleicht zweckmässiger gewesen, die ersten Fälle von Gruppe III noch zu Gruppe II zu stellen. Der Grund, warum dies nicht geschehen ist, wurde oben bereits angegeben. Würden die Fälle, in welchen das Abrollungsstück 5,5 Mm. gross war, noch zu Gruppe II herübergenommen worden sein, so würde jedenfalls das, was als charakteristisch aus der Zusammenstellung Gruppe III hervorgehen soll, noch deutlicher hervortreten. Auch in den Fällen, in welchen das Abrollungsstück 5 Mm. betrug, wurde nicht selten bei Bewegungen des Auges keine Zerrung des Sehnerven beobachtet, während solche ausnahmslos vorhanden war, wenn die Grösse des Abrollungsstücks 4,5 Mm. und weniger betrug.

Ueber das makroskopische Aussehen der Papille fehlt in vielen Fällen eine Angabe, was sich zum Teil daraus erklärt, dass von vornherein die mikroskopische Untersuchung als die wichtigere ins Auge gefasst wurde. In einem Fall ist bemerkt, dass durch vorgeschrittene Verwesung das makroskopische Erkennen der

Uebersichtl. Zusammenstellung der gefundenen Messungswerte.

Fortlaufende Nro.	Direkter Abstand vom Foramen optic. bis zur Insertion am Bulbus.	Länge des leicht gestreckten Sehnerven.	Differenz zw. direktem Abstand und Länge des leicht gestr. Sehnerven.	Entfernung vom hinteren knöchernen Begrenzungs-rand des Canal. optic. bis zur Verwachsungsstelle des Sehnerven mit der Scheide.	Entfernung der Can. opt. gemessen v. Mitte des hint. knöch. Begrenzungsrandes.	Abstand der beiden Bulbi gemessen von d. Insertion des Sehnerven am Bulbus.	Winkel, den die beiden Sehnerven mit einander bilden, in Graden:	Winkel, den der Sehnerv mit der Mittellinie bildet, in Graden: Rechts	Links
1.	2.	3.	4.	5.	6.	7.	8.	9.	10.
62.	R.20,5	26	5,5	8	24	52	57	27	30
	L.20,5	26	5,5	8					
63.	19,5	25	5,5	—	21	51	60	27	33
	19	24	5						
64.	17	22	5	10	20,5	54	69	34	35
	16	21,5	5,5	10					
65.	15,5	20	5,5	12	21	50,5	58	25	33
	15,5	21	4,5	11					
66.	15,5	21	5,5	11	22	47,5	52	27	25
	18	22,5	4,5	10					
67.	20	24	4	—	31	54	61	22	39
	20,5	26	5,5						
68.	22,5	26	3,5	9	23,5	60,5	85	43	42
	17	22,5	5,5						
69.	17,5	20,5	3	7,5	23	52	75	40	35
	16	21,5	5,5	7					
70.	17	22	5	8,5	26,5	54	64	34	30
	16	21	5	10					
71.	19	24	5	11	26	52	58	30	28
	19	24	5	11,5					
72.	16	20,5	4,5	8	28	45	45	22,5	22,5
	17	22	5	9					
73.	19	23,5	4,5	8,5	22	49	64	33	31
	20	25	5	9,5					
74.	22	27	5	9	19	54	66,5	32,5	34
	19	23	4	10					
75.	15	20	5	11	28	53	60	28	32
	15,5	19,5	4	13					
76.	19	23,5	4,5	8	24	54	67	37	30
	18,5	23,5	5	10					
77.	23	27	4	7	21	51	63	30	33
	21	26	5	9					
78.	21	25	4	1c	24	56	66	35	31
	21	26	5	10					
79.	18,5	23,5	5	7	24	54	77	39	38
	17	21	4	8					
80.	19	23,5	4,5	11	21,5	54	63	29	34,5
	20	24	4	11					

1.	2	3.	4.	5.	6.	7.	8.	9.	10.
81.	20 21	24,5 24,5	4,5 3,5	11 11	21	54,5	53	28	25
82.	19 19,5	23 23,5	4 4	10 9	27,5	59	63	31,5	31,5
83.	16 16	20 19,5	4 3,5	10 9	23,5	56	70	30	40
84.	16,5 18	20,5 21,5	4 3,5	11 11	21,5	52,5	71	33	38
85.	18 18	21,5 22	3,5 4	9 9	20	45	53,5	23,5	30
86.	19 20	22,5 24	3,5 4	— —	23	51,5	59	28	31
87.	22 20	25 24	3 4	9 9	23,5	50,5	53	29	24
88.	18 19	21,5 22,5	3,5 3,5	9 8	21,5	48,5	67,5	34,5	33
Mittel: 18,57	23,03	4,46	9,54	23,38	52,42	62,98	30,83	32,16

betr. Verhältnisse erschwert war. In mehreren Fällen wurde die
Papille nahezu rund gefunden. Da, wo dies der Fall war, war eben
auch wieder das Abrollungsstück meist 5,5 resp. 5 Mm. gross, und
bei Bewegungen des Auges war höchstens nur mässige Zerrung zu
sehen. Einigemal ist notiert, dass die Eintrittsstelle der Centralgefässe merklich näher dem nasalen Papillenrande lag. Viermal ist
angegeben, dass die Sklera im hinteren Abschnitt auffallend dünn
(bläulich durchscheinend) gefunden wurde. In einigen Fällen
war die Papille deutlich querüber verzogen, in 2 Fällen wurde
ein exquisiter Conus konstatiert. In 10 Fällen ist die Achsenlänge des herausgenommenen Auges angegeben. Einmal wurde
die Länge des Auges 22 Mm., 2 mal 23 Mm., 4 mal 24 Mm. und
einmal 24½ Mm. gross gefunden. Einmal war sie zwischen 25
und 26 Mm. und einmal zwischen 27 und 28 Mm. Abgesehen von
dem einen Fall (D. = 22 Mm.) war im Allgemeinen der Längsdurchmesser ziemlich gross. 5 der herausgenommenen Augen stammten
von Frauen, deren Augen im Allgemeinen etwas kleiner sind. Eine
Achsenlänge von 24 Mm., wie sie bei 3 Frauen gefunden wurde,
ist für ein Frauenauge nicht gering. In 4 der untersuchten Fälle
bestand unzweifelhaft Myopie, es sind das die beiden Fälle mit
exquisiten Coni bei einer Achsenlänge von gut 25, bezw. gut
27 Mm. (Fall 83 und 84), ferner Fall 75, in dem angegeben ist,

dass eine Konkavbrille getragen wurde, und 4tens Fall 80, in welchem ich zu Lebzeiten der Patientin bei der Augenspiegelunter-suchung einen schmalen Conus bei geringer Myopie konstatiert hatte. Dass in diesem letzten Fall (bei Frau H.) die Achsenlänge kleiner gefunden wurde als bei dem hypermetropischen Auge in Fall 59, kann an und für sich nicht auffallen, wenn man bedenkt, dass die Refraktion nicht ausschliesslich von der Achsenlänge abhängt. *Beachtenswert ist, dass in den beiden Fällen, in welchen bei exquisitem Langbau Coni gefunden wurden, die Sehnerven kurz waren und bei Bewegungen des Auges stark gezerrt wurden. Ich will bei der immerhin relativ kleinen Zahl von Beobachtungen dem Vorkommen von 4 Fällen von Myopie bei kurzem Abrollungsstück des Sehnerven keine übertriebene Bedeutung beilegen, das Faktum ist aber immerhin sehr beachtenswert.*

Dass bei kurzem Abrollungsstück nicht immer auch eine starke Zerrung an der Eintrittsstelle des Sehnerven beobachtet wird, kann durchaus nicht auffallend erscheinen, nachdem schon oben nachdrücklich hervorgehoben worden ist, dass neben der Grösse des Abrollungsstücks auch noch andere Faktoren hierbei mit in Betracht kommen. Und dass man ferner da, wo bei Be-wegungen des Auges Zerrung stattfindet, dann doch nicht immer hochgradige Gewebsveränderungen an der Eintrittsstelle des Seh-nerven findet, kann gleichfalls nicht überraschen, wenn man be-denkt, dass Gewebsveränderungen doch nur dann zu Stande kom-men werden, wenn es bei der Beschäftigung der Augen auch wirklich häufig zu Zerrungen gekommen ist, mit anderen Worten, wenn die Augen bei gegebenen ungünstigen anatomischen Ver-hältnissen in der Jugend stark angestrengt wurden. In jedem einzelnen Fall habe ich mich bemüht, möglichst objektiv den Be-fund aufzunehmen. Scheinbar dem allgemeinen Verhalten wider-sprechende Befunde werden ihre Erklärung finden müssen, keinen-falls lassen sich dieselben als Beweis gegen die Richtigkeit dessen anführen, was *im Grossen und Ganzen* unzweifelhaft aus den mit-geteilten Befunden hervorgeht, das ist: dass bei *langem* Abroll-ungsstück des Sehnerven im Allgemeinen der Sehnerv bei Beweg-ungen des Auges noch nicht einmal vollständig abgerollt wird, dass es dagegen bei *kurzem* Abrollungsstück hierbei zu mehr oder weniger starker Zerrung an der Eintrittsstelle kommt. Im ersteren Fall wird die Papille normal gefunden, im letzteren mehr oder weniger verzogen. Mit Rücksicht auf den letzteren Punkt gebe ich gern zu, dass die Genauigkeit der Befunde der makroskopischen Untersuchung der Papille in vielen Fällen keine sehr grosse ist, indem geringgradige Veränderungen unter Umständen übersehen werden können; gröbere Veränderungen — und das sind die notierten können aber unzweifelhaft erkannt werden. Die mikroskopische Untersuchung wird die fehlenden Angaben zu ergänzen haben. Ein Zusammenhang zwischen Länge des Abrollungsstücks und Zerrung an der Eintrittsstelle einerseits sowie ferner ein Zusammenhang zwischen Zerrung an der Eintrittsstelle und den Veränderungen an der Papille andererseits darf hiernach als unzweifelhaft bestehend angenommen werden. Letzterer Zusammenhang zwischen Zerrung an der Insertionsstelle und den Veränderungen an der Papille wird auch von Stilling anerkannt, nur soll es nach diesem der Obliquus superior sein, der die Zerrung bewirkt. Wie schon oben bemerkt, kann ich den Stilling'schen Darlegungen über diesen Punkt durchaus nicht beipflichten. Das, was ich selbst bei einer Reihe von Fällen gesehen habe, bei denen ich ganz besonders auf das Verhalten des Obliquus geachtet habe, spricht nicht für die Stilling'schen Anschauungen. Richtig ist, dass die Insertionsstelle des Trochlearis ungemein verschieden gefunden wird, öfters inseriert er mit 2 getrennten Portionen [1]), bald liegt die Sehne auf grössere, bald nur auf kurze Strecke dem Bulbus auf, und die Richtung ist, wie aus den Zeichnungen ersichtlich ist, eine sehr verschiedene. Wie aus den Tabellen zu ersehen, sind die Angaben über den Einfluss des Obliquus auf die Zerrung an der Eintrittsstelle aber nicht derart, dass daraus hervorgeht, dass die charakteristischen Veränderungen der Papille, besonders an deren temporaler Seite, durch sie bedingt sein können. Auf diesen, wie auch auf andere Punkte werde ich

[1]) Ich sah gelegentlich auch 3 Portionen des Obliquus superior sich gesondert inserieren, ebenso wie ich auch mitunter am Obliquus inferior und an den Recti hinter der Hauptinsertion eine kleinere überzählige Insertion sah.

noch zurückkommen, wenn der Befund der mikroskopischen Untersuchungen vorliegt.

Auf einige Punkte sei hier nur noch kurz hingewiesen, die aus einem Vergleich der Zusammenstellungen [1]) über Gruppe I, II und III ersichtlich sind. Zu leichterem Vergleich sind die Mittelzahlen hier noch einmal zusammengestellt:

	Direkter Abstand etc.	Länge des leicht gestreckten Sehnerven.	Differenz zw. direktem Abstand und leicht gestreckt. Sehnerven.	Länge der Canali optici.	Entfernung der Canali optici.	Abstand der beiden Bulbi.	Winkel, den die Sehnerven mit einander bilden, in Graden:	Winkel, den der Sehnerv mit der Mittelline bildet, in Graden:	
								Rechts	Links
Gesamt-mittel	17,91	24,03	6,12	9,86	23,41	52,61	65,35	33,23	33,21
Mittel Gruppe I.	16,9	24,72	7,8	9,66	23,2	52,2	68,6	34,5	34,0
Mittel Gruppe II.	18,37	24,22	5,8	10,40	23,0	53,23	64,17	31,17	33,0
Mittel Gruppe III.	18,57	23,03	4,46	9,54	23,38	52,42	62,98	30,83	32,16

Zunächst fällt auf, dass bei Gruppe I der direkte Abstand merklich kleiner ist als bei Gruppe II, obwohl die Länge des leicht gestreckten Sehnerven bei beiden nur wenig verschieden ist. Es liegt die Vermutung nahe, dass der gefundene Unterschied mit einem Zurücksinken des Auges in Zusammenhang steht, wie es bei Schwund des Fettpolsters bei konsumierenden chronischen Krankheiten sehr gewöhnlich ist. Die Zahl der an Phthise, Carcinom und Caries Verstorbenen ist bei Gruppe I in der That grösser als bei Gruppe II, bei ersterer 21 (16 + 3 + 2), bei letzterer 15 (8 + 6 + 1). Der Winkel, den die Sehnerven mit einander bilden, ist bei Gruppe I am grössten, bei Gruppe III am kleinsten.

---

1) Genau genommen sollten die Befunde, die bei Frauen und bei Männern aufgenommen wurden, gesondert zusammengestellt werden, da bei ersteren die Messungswerte vielfach kleiner gefunden werden als bei letzteren.

Eines Punktes sei hier noch gedacht, es betrifft derselbe die Lage des Canal. optic. im Verhältnis zur Insertionsstelle am Bulbus. Gewöhnlich wird angenommen, dass der Canal. optic. höher liegt. Man hat darin (P a u l s e n) einen günstigen Umstand sehen wollen, der es mit sich bringt, dass es bei der Bewegung des Auges nach unten-innen weniger leicht zu einer Zerrung an der Eintrittsstelle kommt. Wie aus den Tabellen ersichtlich, ist in vielen Fällen das Foram. optic. höher, in vielen Fällen in gleicher Höhe mit der Insertion, am häufigsten aber etwas tiefer. Im Ganzen ist das Verhalten in 63 Fällen notiert. Darnach war
der Can. opt. höher in 14 Fällen beiderseitig, in 2 Fällen einseitig,
»   »   »   in gleicher Höhe in 11 F. beiderseitig, 6 mal einseitig,
»   »   »   tiefer in 32 F. beiderseits, 4 mal auf der einen Seite.
In 6 Fällen war demnach das Verhalten auf beiden Seiten verschieden. Aus der Zusammenstellung geht hervor, dass entgegen der gewöhnlichen Annahme der Canalis opticus meistens tiefer als die Insertionsstelle am Bulbus liegt.

Zum Schluss sei nochmals besonders darauf hingewiesen, dass man bei allen Untersuchungen, die darauf ausgehen, den Einfluss der einzelnen Augenmuskel in Bezug auf Druck und Zerrung festzustellen, das Verhalten der mit den Augenmuskeln in Verbindung stehenden Fascien sehr wesentlich mit zu beachten hat [1]. R i c h e t sagt in Bezug hierauf: Die Augenmuskel haben 3 Insertionen, je eine an ihrem Ende (Insertion fixe) und ausserdem noch eine mittlere, welche durch Fascien vermittelt wird (Insertion mobile).

Zieht man den viel besprochenen Obliquus an, so sieht man, wie fast regelmässig mehr oder weniger stark der M. rect. super. dabei mit angespannt wird. Beide hängen durch starke Fascienzüge mit einander zusammen [2].

Bei einer Sektion, die ich unlängst bei einem Einäugigen machen konnte, war der Zusammenhang zwischen M. rectus super.

---

1) In dem jüngst erschienenen Lehrbuch der Anatomie des Auges von S c h w a l b e 1887 ist diesem Punkte mehr Beachtung geschenkt, als dies sonst gewöhnlich geschieht.
2) cf. S c h w a l b e S. 234. Diese flächenförmigen Verbreiterungen der Muskelsehnen sind für die Wirkung der Tenotomie nicht ohne Bedeutung.

und Obliq. super. ungemein deutlich nachweisbar. Es waren
nach der Enukleation die beiden Muskel derart in direkte Verbindung getreten, dass sie eine Schleife bildeten, welche durch
die Trochlea ging. Man konnte diese Schleife hin- und her-
ziehen, wenn man abwechselnd den Obliquus und den Rect. sup.
leicht anzog. Der Fall sei kurz hier mitgeteilt. Er betrifft einen
jungen Menschen, dem in F. vor ca. 10 Jahren das linke Auge
herausgenommen werden musste.

W., Georg, ein 24 J. alter Bierbrauer, hatte sich im Jahre 1877 eine
anfänglich geringfügige Verletzung des linken Auges zugezogen, indem
ihm bei einer Eisenbahnfahrt etwas in das Auge flog. Bei ungeeigneter
Behandlung kam das Auge in einen derartigen Zustand, dass es schon
wenige Wochen später in Freiburg herausgenommen werden musste.

W. trug ein künstliches Auge. Sehr auffallend ist die Verdünnung
des linken N. opticus nach Austritt aus dem Canal. opticus nach rückwärts, während er innerhalb der Orbita nicht viel dünner wie rechts
erscheint.

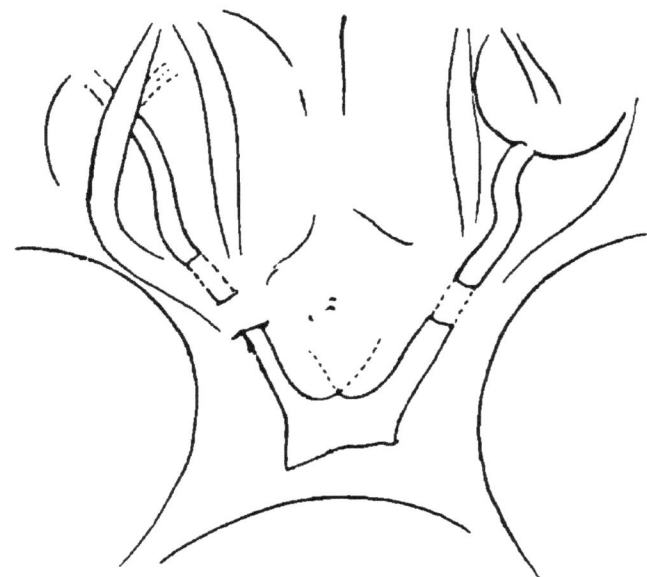

Der Sehnerv verläuft rechts erst nach aussen horizontal, dann gerade nach vorn ein klein wenig geneigt, zuletzt etwas nach aussen zum
Bulbus; links Verlauf bis zum Conjunctivalsack ähnlich.

R.: Die Sehne des Obliq. super. inseriert etwas nach aussen von
der Mittellinie. Sie liegt nur ein kurzes Stück dem Augapfel an.

Die Papille erscheint rund. Austrittsstelle der Centralgefässe in der Mitte.

Wird der Obliq. super. bei Ruhelage angespannt, so wird der äussere hintere Bulbusabschnitt nach oben-innen bewegt, die Eintrittsstelle des Sehnerven wird dabei nicht merklich mitbewegt. Wird der Augapfel nach innen-unten rotiert, so wird der Sehnerv knapp angespannt; wird alsdann der Obliquus angespannt, so wird das Auge ein klein wenig nach oben-innen gezogen. Die Eintrittsstelle des Sehnerven wird dabei nicht gezerrt.

Legt man links, wo das Auge herausgenommen ist, die Muskel um den Sehnerven herum frei, so findet man zunächst sehr auffallend, dass die Sehne des Obliq. super. derartig schlingenförmig mit dem Rectus super. verwachsen ist, dass, wenn man den Obliquus anzieht, der mit der Sehne verwachsene Rect. sup. über die Trochlea herüber gezogen wird und umgekehrt.

Ausser der sehr auffallenden Verbindung mit der Trochlearissehne sieht man den Rectus superior nach vorn gegen den Conjunctivalsack hin in eine flächenförmig verbreiterte Sehne übergehen, welche einerseits nach aussen, andererseits nach innen-unten ausstrahlt. Die vorderen Enden der durchschnittenen äusseren Augenmuskel liegen nicht dem Sehnervenende an, der Sehnerv reicht bis zur Bindehaut.

Bei der Sektion eines 7 Monate alten Kindes [1], die ich in letzter Zeit machte, fand ich den Zusammenhang zwischen Rectus superior und Obliq. sup. in ganz ähnlicher Weise entwickelt. Es verlief in diesem Fall der Sehnerv im Allgemeinen nach aussen und vorn mit starker Biegung nach unten. Der direkte Abstand vom Canal. opticus bis zur Insertion betrug 14, die Länge des leicht gestreckten Sehnerven ca. 17 Mm. Rectus super. und Obliq. super. standen durch Gewebsverbindungen derart in Verbindung, dass wenn man den einen von beiden leicht anzog, der andere herübergezogen wurde. Nicht unerwähnt will ich lassen, dass in diesem Fall keine Spur von Zerrung zu beobachten war, wenn man den Bulbus mit der Fixationspincette fasste und nach innen-unten rotierte, dass man dagegen an der ausserordentlich dünnen Sklera dieses Kinderauges eine feine Falte von der Insertionsstelle des Obliquus super. gegen den oberen Umfang des Sehnerven hin sich bilden sah, wenn man den M. obliq. leicht anzog. Eine Zerrung bezw. eine Mitbewegung des Sehnerven fand dabei nicht statt. Es legt diese Beobachtung die Annahme nahe, dass für das Zustandekommen einer Zerrung, die sich von der Muskelinsertion

---

[1] Ueber die anatomischen Verhältnisse der Orbita und des Auges des Neugeborenen und Kindes behalte ich mir für anderen Ort nähere Mitteilung vor

Weiss. 11

nach der Eintrittsstelle des Sehnerven hin fortpflanzen soll, sehr wesentlich die Beschaffenheit der Sklera (deren Dünne etc.) in Betracht
komme.

Wie oben bereits ausgeführt wurde, weisen die Veränderungen,
welche an der Eintrittsstelle des Sehnerven zur Beobachtung
kommen, auf eine Zerrung des Sehnervenkopfs in temporaler
Richtung hin. Die Annahme lag nahe — und es wurde dies auch
von verschiedenen Seiten ausgesprochen — den Grund für diese
Verziehung in der Ektasierung am hinteren Pol zu suchen, bei
deren Entwicklung der Sehnervenkopf temporalwärts herübergezogen werde. Da man nun aber auch ohne dass eine irgend erhebliche Ektasie am hinteren Pol zu konstatieren ist, gar nicht selten
hochgradige Verziehung des Sehnervenkopfes findet, so ist für
diese Fälle — und es dürften hierher die meisten Augen mit
beginnender Kurzsichtigkeit gehören — die eben angezogene Erklärung entschieden unrichtig. Zur Erklärung dieser Fälle muss,
wie oben schon ausgeführt wurde, eine mechanische Ursache
ausserhalb des Augapfels gesucht werden. Nahe liegt es dabei
an eine Zerrung des Sehnerven zu denken, die, wodurch sie immer
bedingt sein möge, ceteris paribus, dann leichter wird zu Stande
kommen, wenn der Sehnerv bezw. dessen Abrollungsstück kurz ist.

Fasse ich den Inhalt der vorstehend mitgeteilten Untersuchungen zusammen, so glaube ich mich dahin aussprechen zu
können, dass, wenn der Sehnerv bezw. dessen Abrollungsstück
gross ist, es selbst bei ausgiebigen Bewegungen des Auges, insbesondere bei der hauptsächlich in Betracht kommenden Bewegung nach unten-innen, nicht zu einer Zerrung des Sehnerven
kommt, dass dagegen im umgekehrten Fall bei kurzem Abrollungsstück der Sehnerv gewöhnlich mehr oder weniger stark gezerrt wird. Im ersteren Fall wird fast ausnahmslos die Papilla
nervi optici rund, im anderen Fall sehr häufig mehr oder weniger
verzogen gefunden. Die mitgeteilten Untersuchungen lassen somit unzweifelhaft den Schluss zu, dass die Grösse des Abrollungsstücks für das Zustandekommen der Veränderungen an der Eintrittsstelle des Sehnerven von Bedeutung ist. Die häufig wieder-

kehrenden Zerrungen führen bei dem jugendlichen Auge zu Gewebsveränderungen an der Papille. Ist das Körperwachstum abgeschlossen, so übt die Zerrung im Allgemeinen keinen derartigen Einfluss mehr aus.

Dass es nicht ausschliesslich auf die Grösse des Abrollungsstücks ankommt, sondern auch noch auf die Beschaffenheit des Sehnerven und insbesondere auf die Beschaffenheit der Verbindung des Sehnerven mit dem Auge, wurde oben gleichfalls schon erwähnt. Ausgeschlossen ist nicht, dass ausser den angezogenen noch andere Faktoren bei dem Zustandekommen der Optikuszerrung mitwirken.

IV.

Litteratur über den Verlauf des Sehnerven innerhalb der Orbita.

Wie bereits oben bemerkt, sind die Angaben, welche man in den Handbüchern der Anatomie über Länge und Verlauf des Sehnerven innerhalb der Orbita findet, nur sehr unvollständig, bezw. sehr von einander abweichend. Bei Durchsicht der betreffenden Litteratur habe ich, soweit dieselbe in der Heidelberger Universitäts-Bibliothek enthalten ist, hierüber folgende Angaben gefunden.

1) L'anatomie d'Heister avec des essais de physique sur usage des parties du corps humain. 1724.

Auf Tafel III. Fig. 2 Verlauf des Sehnerven zum Bulbus nicht deutlich zu erkennen.

2) Laurentius Heister, Compend. anatom. 1732.

S. 144. Nervi, quam plurimi: I. opticus, retinam, organum visus primarium, conficiens, e latere nasi oculum ingrediens.

— — nach der 5. lat. Auflage v. Claudern. 1756.

S. 144. Nerven gibt es sehr viele: I. die Sehe-Nerven (opticus), so die Netzförmige Haut, als das vornehmste Werkzeug des Sehens ausmacht, gehet auf der Seite der Nase in das Auge.

Anmerkung 53. Hier wird annoch zu merken sein, dass die Sehe-Nerven, ob es einem gleich, der es nur obenhin ansiehet, an dem Auge, welches aus seiner Höhle genommen, und von den Musculn und Fett abgesondert, als wenn sie recht in den Mittelpunkt des hintersten Teiles am Auge eingewachsen wären, vorkommet, dennoch nicht in das Auge an dem Orte, so dem Augapffel gerade gegenüber ist, gehen, wie Brigsius will, sondern vielmehr auf beyden Seiten gegen die Nase, damit nicht die Strahlen von den Objectis in die Nerven selbst fallen, mit welchen Puls-Adern hineingehen, wovon sie gleichsam verschlungen und gedämpfet werden. Denn die Aug-Aepfel von beiden Augen sind fast 3 Daumen breit von einander entfernet, die Löcher aber am Hirnschädel, durch welche die Sehe-Nerven in die beinerne Höhle, darinnen das Auge liegt, eingehen, nur etwas weniges über einen quer Daumen von einander. Denn es ist zu merken, dass dieser Ort des Auges, wo die Nerven in dasselbe gehen, blind sey, welches durch des Mariotte Experiment in dem tractatu de visu zuerst bekannt und bewiesen worden ist. Daher würde vieles nicht geschehen, wenn die Nerven gleich dem Aug-Apfel gegenüber hinein giengen, welche Beschwerlichkeit aber durch die Einpflanzung des Nervens auf den Seiten der Nase verhütet wird etc.

3) Jacques Benigne Winslow, Exposition anatomique de la structure du corps humain. 1732.

II. S. 143. Les nerfs optiques font d'abord un certain contour en dehors, et ensuite ils se rapprochent en montant dessus. La selle sphenoïdale de la base du crâne, ou ils s'unissent un peu et s'écartent aussitôt après pour aller gagner les trous optiques, les orbites et les globes des yeux.

4) Traité de l'anatomie des viscères etc. P. J. B. C. J. D. P. 1736.

Ausführliche Beschreibung des Auges, enthält aber über Verlauf des Optikus nichts.

5) Herm. Frid. Teichmeyer, Elementa anthropologica. 1739.

Ueber Verlauf in der Orbita nichts. Ueber Insertion am Bulbus S. 245: Nervum opticum in tres oculi principales tunicas evolvi. Sic tunica sclerotica nervo optico non solum intime adnexa est, verum etiam fibrillae ejus tenuissimae in substantiam ejus abeunt; consentit color et substantia cornea, unde nec hanc, nec corneam, quae communis est opinio, a dura meninge oriri sola certum est. Par ratio est chorioidis et inprimis, siquidem haec nihil aliud est quam nervi optici expansio, a medullari substantia orta. Ex singulis vero patet, quantum consentiat et communicet oculus cum cerebro.

6) Hieron. Leop. Bachettoni, Anatomia medic. 1740.

Enthält bei Beschreibung des Auges nichts Besonderes über das Verhalten des Sehnerven.

7) Christof. Henricus Keil, Compendiöses, doch vollkommenes anatom. Handbüchlein, darin alle und jede Theile des menschl. Leibes in natürl. Ordnung denen Anfängern der Chirurgie vorgelegt und so deutlich beschrieben werden, dass sie

auch sogar ohne Figuren und Kupfer zu erkennen und zu finden. 1756.

Enthält Nichts.

8) Noguez, L'anatomie du corps de l'homme. 1773. S. 444.

»Les nerfs optiques entrent dans l'orbite par les trous anterieures du sphenoïde; ils percent la sclerotide et forment par leur épanonissement la rétine.«

9) Joseph Jacob. Plenk, Primae lineae anatomic. 1775.

»A thalamis nervi optici in cerebro orti, ante infundibulum seu super sella turcica ad se invicem unicuntur in formam litterae X, iterum a se invicem recedunt et per foramina optica ossis sphenoid. in orbitam abeunt, ibi bulbum oculi perforant, et in eo tunicam retinam, quae visus est organum, formant.«

10) Alb. Haller, De partium corporis humani fabrica et functionibus. 1777.

Enthält nichts Besonderes.

11) Alb. Haller, De partium corp. human. fabrica et functionibus. 1778 Bd. III. cerebrum. nervi.

Beschreibt ausführlich den Ursprung der Nerven, gibt aber nichts über den Verlauf der Sehnerven innerhalb der Orbita an.

12) Christian Gottlieb Ludwig, Anweisung zur Erkenntniss der Theile des menschl. Körpers, herausgeg. v. Weichardt. 1778.

»Der Sehnerv gehet durch das Foram. optic. in die Augenhöhle hinein bis zu dem Bulbo oculi. Die markigten Fasern desselben gehen in die innere Höhle des Auges und machen die tunicam retinam.« (Spricht von Nerven, die in die Chorioidea gehen und die innere Bewegung des Auges bewirken.)

13) J. C. A. Meyer, Beschreibung des ganzen menschl. Körpers. 1783. Bd. I VIII.

Ausführl. Beschreibung des Auges Bd. V. Nichts vom Verlauf des Sehnerven.

Bd. VII. S. 32. Vom Orte der Vereinigung an erhält jeder Sehnerv eine walzenförmige Gestalt, welche er dann bis zu seinem Eintritt in den Augapfel beibehält. Jeder Sehnerv durchbohrt die Spinnwebenhaut sogleich neben dem Vereinigungshügel und geht etwas gekrümmt nach aussen fort, indem er sich mit dem über ihm liegenden Geruchsnerven sehr schräge kreuzt und durch lockeren Zellstoff verbindet. Wenn er nun auf diesem Wege den zu seinem Durchgang bestimmten Kanal des Flügelknochens, welcher

deshalb Sehnervenkanal oder Seheloch genannt wird, erreicht hat,
so empfängt er in demselben seine äussere festere bis zum Augapfel ihn begleitende Decke, welches eine Fortsetzung des inneren
Blatts der harten Hirnhaut ist. — Bei seinem Eindringen in die
Augenhöhle vereinigt sich der Sehnerv nicht allein mit der vom
äusseren Blatte der harten Hirnhaut fortgesetzten Beinhaut, sondern auch mit der unter ihm in eben dem Knochenkanal nach
dem Auge fortgehenden Augenschlagader. Beide Vereinigungen
unterhält ein ziemlich fester Zellstoff. — Vom Seheloch an nimmt
der Sehnerve in der Augenhöhle eine etwas schräge abhängige
Richtung. Anfangs geht er eine kleine Strecke nach aussen fort,
so dass man ihn neben dem äusseren Rande des hebenden Augen-
muskels sehen kann, dann aber beugt er sich etwas weniges nach
innen, bis er den Augapfel erreicht, und endlich senkt er sich in
den Augapfel selbst. Die Einsenkung in den Augapfel geschieht,
wenn man den Durchschnitt desselben von oben und unten betrachtet, in dessen Mitte, vergleicht man sie aber gegen den Quer-
durchschnitt, so geschieht sie etwas mehr gegen die innere Seite.

Ausführl. Beschreibung des Verhaltens der Centralarterie und
Beschreibung des Verhaltens der zwei Sehnervenscheiden. Die
äussere Scheide geht in die Sklera, »seine zweite, von der weichen
Hirnhaut abstammende Decke, geht von dem Nerven ab, nachdem
er im Augapfel vorgedrungen ist, und vereinigt sich durch Zellstoff mit dem hintern Teil der Aderhaut.«

14) S. Th. Sömmering, Vom Bau des menschl. Körpers. 1791.
5. Teil. Hirn- und Nervenlehre.

§ 212. Nach der Kreuzung läuft der Sehnerv als ein rundlicher,
doch meist von oben nach unten zu plattgedrückter, oder platt-
rundlicher, faseriger Nerv fort, übertrifft alle Nerven in der Schädelhöhle (mit Ausnahme des 5ten) an Dicke, dringt durch die ihn
umziehende Schleimhaut, hängt locker mit den Riechnerven, unter
welchen er schräge fortschreitet, zusammen und tritt nun in eine
eigene ansehnlich dicke Scheide der festen Hirnhaut — die ihn bis
an den Augapfel begleitet; dringt mit ihm sehr locker zusammen-
geheftet, durch ein Loch des Grundbeins in die Augenhöhle; und
nachdem er völlig cylindrisch, etwas länger als einen Zoll, mässig
nach aussen gebogen und absteigend vorwärts gegangen ist, und
unterwegs eine Arterie mitten in sich aufgenommen hat, setzt er
sich an die innere Seite (in Ansehung der Axe des Augapfels) und
in der Mitte (in Ansehung der Höhe) des Augapfels. — Beim Eintritt in den Bulbus wird der Nerv schnell dünner um Zweidrittel,
»doch so, dass der Teil gegen die Nase gerade bleibt, der Teil

nach aussen zu einen Bug. (nach Zinn Tab. I. Fig. 1) macht, und
mit seinem Mark durch eine in die Augapfelhöhle vorragende,
runde halbdurchsichtige löchrige Erhabenheit mit 30 und mehr
Bündelchen dringt, um die Markhaut zu bilden.

15) Anatomie générale par Xav. Bichat. 1801.

Enthält nichts Besonderes.

16) Outlines of the anatomy of the Human Body by Alexander
Monro jr. 1813.

»The optic Nerve describes a tortuous course in the orbit and
is contracted where it enters the sclerotic coat, in which there
are a number of small holes.«

17) Martin Münz, Handbuch der Anatomie des menschlichen
Körpers. 1821.

Enthält nichts Besonderes.

18) Handbuch der menschl. Anatomie von Johann Friedrich
Meckel. 1817. III. S. 743 u. ff.

»Von der Vereinigungsstelle an weichen die Sehnerven nach
aussen und vorn auseinander (— eingehende Besprechung der semi-
decussatio —) und treten durch das Sehnervenloch in die Augenhöhle. Hier liegen sie zwischen den geraden Augenmuskeln, bilden
eine gelinde Wölbung nach aussen und senken sich, stark einge-
schnürt, die harte und Aderhaut durchbohrend, in den Augapfel,
wo sie sich als Netzhaut ausbreiten.«

19) Anfangsgründe der Anatomie von Adolf Friedr. Hempel.
1823. Bd. I. S. 418.

»Der Sehnerv tritt mit der Arteria ophthalm. in die Augenhöhle,
umgeben von der harten und weichen Hirnhaut. So wie er sich
dem Augapfel nähert, geht er etwas nach aussen, und wird von
der Arteria und Ven. central. durchbohrt. Jetzt gelangt er zur
Sclerotica.«

20) Lauth, Nouveau manuel de l'anatomiste. 1829.

Enthält nichts Besonderes.

21) Friedr. Hildebrandt, Handb. der Anatomie des Menschen.
4te umgearb. Ausgabe von Ernst H. Weber. 1830.

»Jeder Sehnerv geht (vom Chiasma) nun auswärts, tritt durch
eine Oeffnung der harten Hirnhaut und durch das Foramen opticum des Keilbeins in die Augenhöhle, geht in derselben unter
dem M. rect. sup. vorwärts, schräg auswärts und abwärts, in einem
flachen, nach der Schläfe zu convexen Bogen. So erreicht er end-

lich die hintere Fläche des Augapfels, näher nach der Nasenseite.«

22) Samuel Thomas v. Sömmering. IV. Hirn- u. Nervenlehre, umgearbeitet von G. Valentin. 1841.

S. 309. »In dem Chiasma findet eine theilweise Kreuzung der
Primitivfasern der beiden Sehnerven statt. Diese Kreuzung trifft
vorzüglich die inneren und tieferen Fasern, während die äusseren
und flachen sich nicht kreuzen. — Vor dem Chiasma tritt jeder
Sehnerve von innen und etwas von unten nach aussen und etwas
nach oben schräg unter dem Geruchsnerven als rundlicher, bisweilen nach Erhärtung durch Weingeist auch platter Stamm fort,
um durch das Sehnervenloch in die Augenhöhle zu gelangen. Sobald er in diese getreten, läuft er unter dem Aufheber des oberen
Augenlids und bald zwischen den geraden Augenmuskeln, geht
nach unten und aussen vorwärts, überschreitet hierbei den äusseren
Rand des Aufhebers des oberen Augenlids ein wenig, biegt sich
alsdann wiederum nach oben, so dass er von Neuem unter ihm
zu liegen kommt und einen sanften nach innen concaven Bogen
darstellt, und tritt endlich, nachdem er in der letzten Hälfte seines
Verlaufes in der Augenhöhle leicht in die Höhe gestiegen ist,
durch die harte Haut des Augapfels so hindurch, dass er sich hier
ungefähr in der Mitte zwischen dem oberen und unteren Theil
derselben, jedoch etwas weiter nach innen als nach aussen befindet.«

23) Karl Friedr. Theod. Krause, Handbuch der menschlichen Anatomie. 1841. I. 2. (3—5.) S. 1048.

»Der Optikus läuft in der Richtung nach vorn und aussen;
dringt an der inneren und oberen Seite der A. ophthalmica durch
das Foramen optic. in die Augenhöhle ein, nimmt die A. central.
ret. in seine Substanz auf; geht im hintern Abschnitt der Augenhöhle durch den von den M. recti eingeschlossenen kegelförmigen
Raum nach vorn, etwas nach aussen sich biegend, und gelangt an
den inneren Theil des hinteren Umfanges des Augapfels.«

24) Friedr. Arnold, Handbuch der Anatomie des Menschen.
1845—51. II. 2.

»Von dem Chiasma aus wenden sich die Sehnerven nach aussen
und vorn, gelangen durch das Sehloch, nach oben und innen von
der Augenschlagader, in die Augenhöhle, verlaufen, umgeben von
einer scheidenartigen Fortsetzung der harten Haut, in dem mit
Fett erfüllten trichterförmigen Raum der 4 geraden Augenmuskeln
nach vorn gegen den hinteren Umfang des Augapfels, beschreiben
hierbei einen sanften Bogen, dessen Convexität nach aussen ge-

richtet ist, und senken sich in den Augapfel nach innen vom Achsenpunkt desselben ein.« S. 919 und 920.

25) An illustrated system of human anatomy by Sam. George Morton. 1849.
Enthält nichts Besonderes.

26) The anatomist's vademecum by Erasmus Wilson. 1851.
Enthält nichts Besonderes.

27) v. Luschka, Lehrbuch der Anatomie. 1862—65.
Enthält nichts Besonderes.

28) Eckhard, Lehrbuch der Anatomie des Menschen. 1862.
Enthält nichts Besonderes.

29) Emil Dursy, Lehrbuch der system. Anatomie. 1863.
»In der Augenhöhle läuft der Sehnerv zwischen den 4 geraden Augenmuskeln, schwach auswärts gekrümmt, zum Augapfel, den er einwärts von der Mitte durchbohrt.«

30) Henle, Lehrbuch der Eingeweidelehre. 1866. S. 583.
»Der Nerv. opticus tritt durch den Canal. optic. in die Orbita und verläuft in der Axe derselben, locker mit dem Fett der Orbita verbunden, lateralwärts zum Bulbus. In der Leiche findet man ihn schwach S-förmig gekrümmt, doch ist dies vielleicht nur die Folge der Entleerung der Blutgefässe im Tod und des damit verbundenen Zurücksinkens des Bulbus. Die Länge des N. optic. vom Austritt aus dem Canal. optic. bis zum Eintritt in den Bulbus beträgt etwa 3 Cm.«

31) Chr. Aeby, Lehrbuch der Anatomie. 1871.
Enthält über Verlauf des Sehnerven innerhalb der Orbita nichts Besonderes.

32) Quain-Hoffmann. 1872.
Enthält nichts Besonderes.

33) A. Richet, Traité pratique d'anatomie medico-chirurg. 1873.
Enthält über den intraorbitalen Verlauf des Sehnerven nichts Besonderes, enthält aber sehr eingehende Angaben über das Verhalten der Fascien der Augenhöhle und der Augenmuskeln. Bei letzteren unterscheidet er drei Insertionen, zwei feste an ihren Endpunkten (Insertion fixe) und eine Insertion mobile, welche durch die Fascien hergestellt werde, mit denen die Augenmuskel in Beziehung treten.

34) Hirtl, Lehrbuch der Anatomie des Menschen. 12. Aufl. 1873.
S. 800. »Das durch die Augenhöhle ziehende Stück des Sehnerven ist etwas nach aussen gekrümmt.«

35) C. Heitzmann, Die descriptive und topograph. Anatomie
des Menschen. 1875.

Der Nerv. optic. »dringt durch das For. optic. ossis sphenoidei
in die Augenhöhle und gelangt mit einer einwärts concaven Krümmung etwas nach innen vom hintern Pol des Augapfels zu diesem,
um die Sklera und Chorioidea zu durchbohren . . . .

36) C. J. J. Krause, Handbuch der menschl. Anatomie. 3. Aufl.
von W. Krause. 1879. S. 832.

»Der Sehnerv läuft in der Richtung nach vorn und lateralwärts,
dringt an der medialen und oberen Seite der Art. ophth. durch
das For. optic. in die Augenhöhle ein, nimmt die A. central. retin
in seine Substanz auf; geht in dem hintern Theil der Augenhöhle
durch den von dem M. rect. eingeschlossenen kegelförmigen Raum
nach vorn, aber lateralwärts sich biegend und gelangt an den medialen Theil des hintern Umfangs des Augapfels.«

37) **Merkel,** Makroskop. Anatomie des Auges im Handbuch von
Gräfe-Sämisch. 1880. I. 1. S. 17 und 18.

Von der Augenhöhlen-Oeffnung des Canal. optic. verläuft der
Sehnerv »lateral und etwas abwärts, um an die hintere Fläche des
Bulbus zu gelangen, in welchen er sich etwa 4 Mm. medianwärts
und etwas nach unten von dem hintern Ende der Augenachse ein-
senkt. Der Verlauf des Nerven ist kein völlig gestreckter, sondern
leicht S-förmig gekrümmt, die Convexität nach der lateralen Seite
gekehrt. Seine Länge innerhalb der Augenhöhle beträgt 28—29 Mm.«

»Die erwähnte S-förmige Krümmung wird nicht von allen Ana-
tomen als im Leben bestehend angenommen. So hält es Henle
für möglich, dass eine Leichenerscheinung vorliegt. Dieser Ansicht steht jedoch entgegen, dass sich die Krümmung auch an ganz
frisch dem Gefrieren ausgesetzten Präparaten vorfindet, und dass
eine Anzahl von Säugethieren einen sehr stark gekrümmten N.
opticus besitzt, der im Leben nie völlig gestreckt sein konnte, da
in einem solchen Fall der Bulbus aus der Orbita hervortreten müsste.«

38) Pansch, Grundriss der Anatomie des Menschen. 1881.
Enthält über Optikusverlauf in der Orbita nichts Besonderes.

39) Schwalbe, Anatomie der Sinnesorgane. 1883.
»Der Verlauf des Sehnerven innerhalb der Orbita ist nicht ge-
radlinig, sondern durch eigenthümliche constante Biegungen cha-
rakterisiert. Dieselben sind zweierlei Art: 1) eine S förmige Biegung. Nach seinem Eintritt in die Orbita beschreibt der Sehnerv
einen mit seiner Convexität nach unten lateralwärts gerichteten

Bogen, dessen weiteste Ausbiegung an die Innenfläche des M.
rect. lateralis heranreicht. An diesen Bogen setzt sich ein zweites
Bogenstück an mit schwächerer medianwärts gerichteter Convexität.
Dadurch gelangt der Optikus wieder in die Axe des von den geraden Augenmuskeln gebildeten Kegels, in welcher er nunmehr bis
zum Bulbus verläuft. 2) Ausser dieser eben beschriebenen S-för-
migen Krümmung zeigt der Sehnerv noch eine Torsion um seine
Längsachse, der Art, dass die zuvor untere Fläche weiter nach
dem Augapfel hin zur lateralen (temporalen) wird.« (Beschrieben
nach Vossius.)

40) C. Gegenbaur, Lehrb. der Anatomie des Menschen. 1885.

»Die beiden Sehnerven verlaufen divergent zu dem For. optic.,
welches sie durchsetzen, um in die Augenhöhle zu gelangen. Hier
begiebt sich jeder in schwach bogenförmigem Verlaufe zum hintern Umfang des Augapfels, in welchen er eintritt und schliesslich
in den in der Netzhaut bestehenden Endapparaten sich ausbreitet.
Jeder Sehnerv bildet einen nahezu cylindrischen Strang, auf welchem vom Chiasma her sowohl die Pia mater als auch die Arach-
noides sich fortsetzt, sowie auch bei Verlassen der Schädelhöhle
noch die Dura mater eine Scheide für ihn bildet.« S. 858.

In der spezial-ophthalmologischen Litteratur finden sich gleichfalls nur wenige Angaben über den in Rede stehenden Gegenstand, so bei

I. Ferd. Arlt, Die Krankheiten des Auges. III. Bd. 1856. S. 28.

»Der Sehnerv geht als ein gegen 2''' dicker Cylinder vom Bulbus zum Foramen opticum, umschlossen von einer derben fibrösen
Scheide, die man als Fortsetzung der harten Hirnhaut betrachten
kann, und ist in der Orbita 13—14''' lang, während der Abstand
der Sclera vom For. optic. nur gegen 12''' misst.« »Er verläuft
demnach stark geschlängelt; die stärkste Krümmung bildet er (bei
gerade nach vorn gestellter Pupille) in seiner vorderen Hälfte nach
aussen, i. e. mit auswärts gerichteter Convexität, minder stark ist
die Krümmung nach unten.« Umschlossen wird er knapp vor
dem For. optic. von den Anfängen der 4 recti, dann aber von dem
ungemein elastischen Fettpolster, welches den Raum zwischen den
vorwärts divergirenden Muskeln und dem Bulbus ausfüllt. In der
vorderen Hälfte umgeben ihn die hinteren Ciliararterien und die
Ciliarnerven, welche nächst seiner Scheide in dem genannten
Fettgewebe zum Bulbus vordringen. Das Ganglion ciliare liegt
an seiner Schläfenseite 8—9''' hinter der Sclera. Die Art. ophth.
schlägt sich in seiner hinteren Hälfte über ihn von der Schläfen-

nach der Nasenseite gegen die Rolle des M. obliq. super., wo sie
sich in die Art. frontalis und dorsalis nasi spaltet.

Die Schlängelung des Sehnerven ist zur freien Beweglichkeit
des Bulbus um seinen fixen Punkt (Drehpunkt) unumgänglich noth-
wendig. Gerade gestreckt bis zur straffen Spannung wird der Sehnerv nur dann, wenn der Bulbus von der Mittelstellung bis zu
beiden möglichen Extremen seitwärts gerollt wird, nemlich auswärts: bis der Rand der Hornhaut an die äussere Commissur reicht,
und einwärts: bis der entgegengesetzte Punkt des Hornhautrandes
sich hinter die halbmondförmige Falte zu schieben beginnt. Wird
der Bulbus rasch in eine extrem seitliche Stellung bewegt, so nehmen wir (im Dunkeln) die Folge der plötzlichen Zerrung des Opticus durch eine runde lichtblitzende Scheibe im Sehfeld wahr.
Bei möglichst starker Auf- und Abwärtsrollung des Bulbus treten
keine solche Lichtringe auf, demnach scheint der Opticus hierbei
nicht bis zur Zerrung gestreckt zu werden.

Im For. optic. ist jeder Sehnerv 4–5′′′ lang.«

Die Angaben Arlt's über das Orbitalstück des Sehnerven sind
auf die Befunde von Durchschnitten festgefrorener Köpfe basiert
(theils älteren theils jugendlichen Individuen entnommen).

II. J o s e f P i l z, Lehrbuch der Augenheilkunde. 1859. S. 59.

»Der Sehnerv verläuft in dem Augenmuskelraum geschlängelt
und mit einer nach aussen und etwas nach unten ausgesprochenen
Krümmung (welche auch Arlt's Präparate an gefrorenen Augen
konstatieren). Seine Länge vom Bulbus bis zum Foramen opticum
beträgt 13′′′—14′′′, und ist daher grösser als der Abstand des hinteren Poles der Sclerotica vom Foramen opticum, welcher nur
gegen 12′′′ ausmacht« ...

III. v. A m m o n, Zur genauen Kenntnis des N. opticus, namentlich dessen intraocularen Endes. Prager Vierteljahrsschrift.
1860. 17. Jahrg. I. Bd. S. 143 u. 144.

v. A m m o n hebt hervor, dass beim Fötus und Neugeborenen
der Sehnerv sehr schräg zur Sklera geht, so dass die Sklera im
Fundus mit dem Sehnerven temporalwärts einen stumpfen Winkel
bildet. Beim Fötus ist die Orbita, selbst in später Fötalzeit, noch
sehr kurz, und der Sehnerv tritt geschlängelt zur Sklera. Beim
Erwachsenen verläuft er mehr gerade. Diese geradere Richtung
hängt mit der Vergrösserung der Orbita in die Länge zusammen:
das Wachsen der Orbita steht mit der Grössenzunahme des Auges
selbst in dem genauesten Zusammenhang. Die sinuöse Richtung
des Sehnerven dient wohl vorzüglich der freien Bewegung des

Auges um seinen Drehpunkt, bei der das intraoculare Ende des Sehnerven gewiss nicht wenig betheiligt ist. Dasselbe ist deshalb wohl in der beschriebenen Weise durch die sog. Lamina cribrosa so wunderbar fest und doch wieder so leicht beweglich organisiert.« — Indem er von den rasch aufeinander folgenden kleinen zuckenden Bewegungen bei Nystagmus spricht, sagt v. Ammon: »Unwillkürlich drängt sich hierbei dem Untersuchenden der Gedanke auf dass, obgleich der Sehnervenkörper mit der sehnigen Scheide eng verbunden ist, eine wenn auch nur leise Art von Lokomotion, ich meine eine rotierende Bewegung um die eigene Achse denn doch wohl in der Gegend der Lamina cribrosa stattfinden dürfte.«

IV v. Hasner, Ueber die Aetiologie des Langbaus. Prager Vierteljahrschrift 31. Jahrg. I. Bd. S. 50—54. 1874.

»Es ist bekannt, dass der optische Nerv, vom Foramen opticum gemessen, im Mittel 30 Mm. lang ist. Der Abstand des Foram. optic. von der Insertion in den Bulbus beträgt aber bloss 26 Mm.«

V. Paulsen, Ueber die Entstehung des Staphyloma posticum. Arch. f. Ophthalmol. Bd. 28. 1 1882. S. 226.

»Der Nerv verläuft 29 Mm. innerhalb der Augenhöhle, um sich 4 Mm. medianwärts und nach unten am hinteren unteren inneren Quadranten des Bulbus zu inseriren. Der Verlauf in der Orbita ist S-förmig und schräg von oben-innen nach unten-aussen, und würde die nach hinten verlängerte Bulbusachse, welche ungefähr mit der Orbitalachse zusammentrifft, ca. 4 Mm. diagonal nach unten und lateralwärts vom Foramen opticum liegen.

An einem Modell, das P. zu dem Zweck construirte, um die Zerrung des Opticus bei den verschiedenen Bewegungen des Auges zu studieren, nimmt P. die Opticuslänge zu 29 Mm an, die beiden Insertionspunkte am Bulbus und am For. optic. sind 26 Mm. entfernt, »so dass man ca. 3 Mm. auf die Krümmung, welche der Nerv macht, rechnen muss.« S. 231.

VI. Vossius, Beiträge zur Anatomie des Nervus opticus. Arch. f. Ophth. 29. Bd. 4. 1883. S. 132.

»Von der Mitte des Canal. optic. an geht der Sehnerv wie dieser schräg nach abwärts, erhält dadurch eine leicht S-förmige Krümmung und tritt dabei in die Augenhöhle, dem geraden lateralen Augenmuskel ziemlich dicht anliegend, beschreibt einen flachen Bogen nach unten-aussen (vor der Uebergangsstelle vom hinteren zum mittleren Drittel seines orbitalen Abschnitts die oben besprochene Torsion), kommt dabei in die Mitte des Muskeltrichters, um nun in ziemlich gerader Richtung nach dem hinteren Pol

des Auges zu ziehen, wo er sich nach unten von der medialen
Hälfte des horizontalen und nach innen vom unteren Ende des
vertikalen Meridians, also im inneren unteren Quadranten inseriert.«
  Vossius hat bei 5 Embryonen von 5 resp. 6 Monaten die
Länge des Sehnerven vom For. optic. bis zum Bulbus gemessen.

Auf die Biegung desselben und die Torsion kamen	Direkter Abstand vom For. optic. zum Bulbus	Länge des Sehnerven
1 ½ Mm.	6 ½ Mm.	8 Mm.
1 ½ »	7 »	8 ½ »
1 ½ »	8 »	9 ½ »
2 »	8 »	10 »
3 »	10 »	13 »
bei einem neugeborenen Kind		
4 »	11 »	15 » (l.c. S.130.)

VII. Vossius, Berl. klin. Wochenschr. Nr. 13. S. 200. 1885.
  Nimmt als Länge des intraorbitalen Sehnervenstücks 25 bis
27 Mm. an.

VIII. O. Lange, Topographische Anatomie des menschlichen
  Orbitalinhalts. 1887.

  Lange hat den Inhalt der Orbita herausgenommen, gehärtet
und dann Frontalschnitte angelegt. Da bei dieser Behandlungs-
weise die herausgenommene Gewebsmasse gestreckt wird, wobei
die Krümmungen des Sehnerven ausgeglichen werden, so können
die erhaltenen Schnittpräparate niemals eine Darstellung des
Verhaltens der einzelnen Theile des Orbitalinhalts zu einander
geben. Zu diesem Zwecke wäre es richtiger so zu verfahren,
dass man erst die Gefässe injicierte, um eine bessere Spannung
des Orbitalinhalts zu erhalten, dann das Präparat härtete und
schliesslich, um Schnittpräparate anfertigen zu können, den Kno-
chen decalcinirte. Auf diese Weise erhaltene Präparate würden
ein richtigeres Bild über die Topographie des Orbitalinhalts geben,
als es die Lange'schen thun. Ich werde hierauf an anderer
Stelle zurückkommen. Die Länge des bei seiner Präparations-
methode gestreckten Sehnerven gibt Lange zu c. 27—29 Mm. an.

CORRIGENDA.

Auf Seite 2 Zeile 9 von oben lies »verfolge« statt »verfolgte«.

Auf Seite 2 Zeile 8 von unten lies »auch noch« statt »auch«.

Auf Seite 14 Zeile 15 von unten , hinter diese zu streichen.

Auf Seite 78 Zeile 3 von unten lies »Drehung« statt »Dehnung«.

Auf Seite 80 fehlt ein * bei der Ueberschrift: 25. Fall.*

Auf Seite 123 Mittel: Columne 5 lies 10,4 statt 9,95.

Zusatz zu Seite 24 Zeile 8 von unten:

Thatsache ist weiter, dass in weitaus den meisten Fällen die Kurzsichtigkeit stehen bleibt, wenn das Körperwachstum abgeschlossen ist. Es weist dies darauf hin, dass die Entwicklung der Kurzsichtigkeit in irgend welcher Beziehung zum Körperwachstum steht.

Fig. 1.

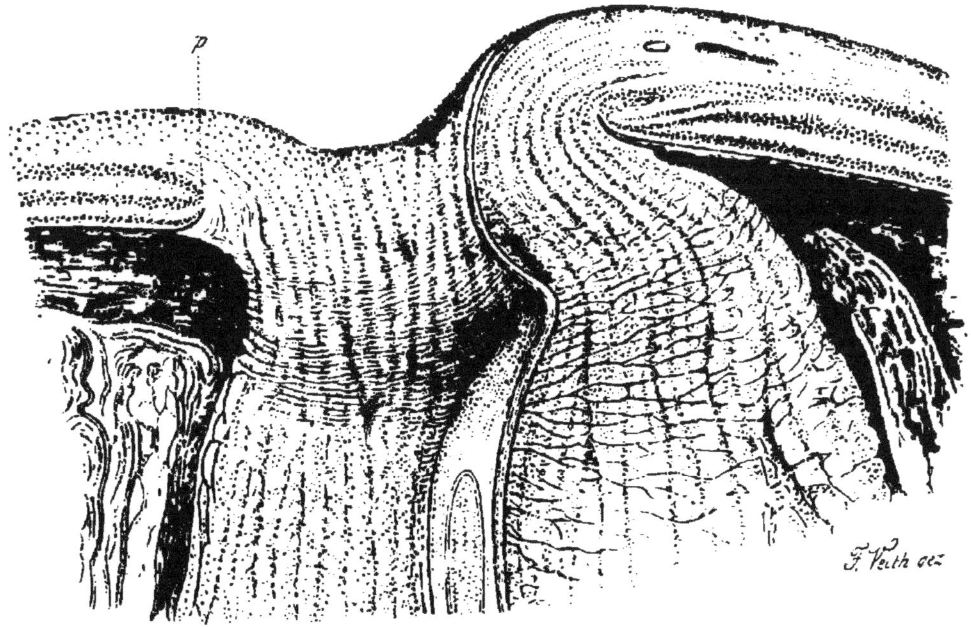

Fig. 2.

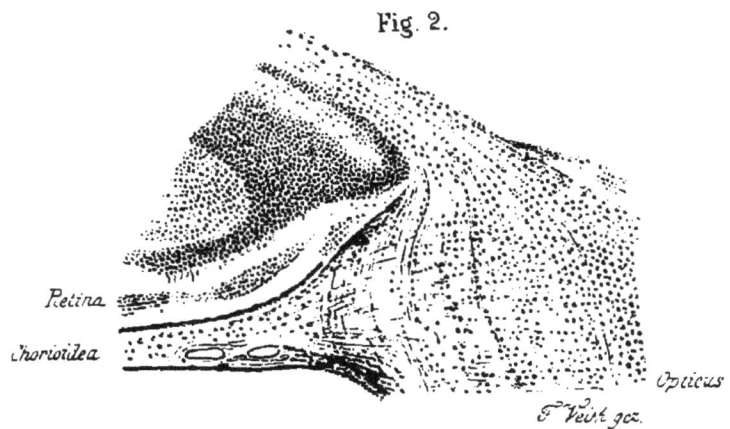

Retina

Chorioidea

Opticus

F. Veit gez.

Fig. 3.

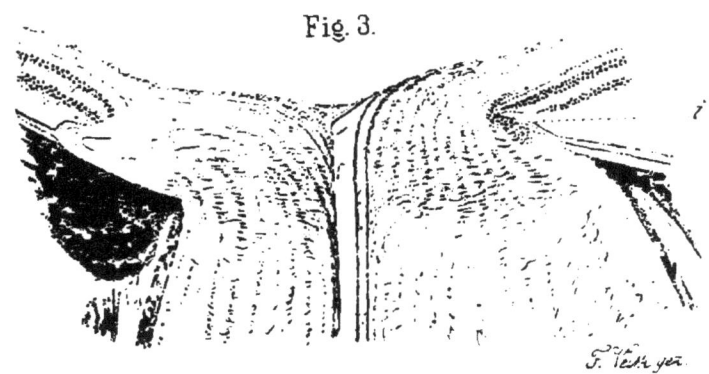

F. Veit gez.